Nuevos Fundamentos de la Recta Numérica

Ricardo Ramos Montero

Nuevos Fundamentos de la Recta Numérica
Primera edición impresa: abril, 2020
Revisado en octubre, 2020

© 2020 Ricardo Ramos Montero. (www.isodimensional.org)
Todos los derechos reservados.

Queda prohibida la reproducción y publicación traducida (total o parcial) de esta obra *con fines comerciales y/o ánimo de lucro*, sin el consentimiento por escrito del autor.

ISBN- 979-86-36-81518-1
Impreso y encuadernado por Amazon

Para mis padres

PREFACIO IX
AGRADECIMIENTOS XIII

1 ESPACIOS DISCRETOS EUCLIDIANOS 15

Introducción 15
El contexto dimensional 16
Los espacios discretos euclidianos 18
   Puntos *n*-dimensionales 19
   Definición de los EDE locales 21
   Organización jerárquica de los EDE locales 21
      Jerarquización ascendente y descendente 22
Opciones de implantación matemática 23
Isodimensionalidad y funcionalidad 25

2 ESCALAS EN LOS EDE-*N*D 27

Introducción 27
Escalas espaciales 27
   Clasificación de las escalas espaciales 28
      Clasificación en función del ámbito de la escala ... 28
      Clasificación en función de las acotaciones 29
      Clasificación según los patrones de discretización ... 29
   Terminología en el contexto de las escalas 31
Diseño de la estructura de los EDE-*n*D 34
Elementos de los EDE-*n*D 35

3 LOS NÚMEROS NATURALES 39

Diseño del EDE-1D 39
Etiquetado escalar del EDE-1D 40
   Tierra de 0: un pequeño cuento matemático 41
Desgloses escalares 43
   Definición de conceptos básicos 43
Los números naturales 48

4 EL SEGMENTO ESCALAR DISCRETO 51

El infinito discreto 51
Operaciones en el segmento discreto 53
Índices escalares extremos 56
   Variación mínima 57
   Índices complementarios a la base 57
   Aritmética con índices escalares extremos 58
Los conjuntos en la MDI 61
   Conjuntos infinitos en la MDI 61

5 SECUENCIAS NUMÉRICAS ... 65

Introducción ... 65
Secuencias numéricas e información ... 66
    Información numérica ... 66
    Cantidad de información numérica ... 67
Clasificación de las secuencias ... 68
    En función de la longitud ... 68
    En función del valor numérico ... 69
    Según la CIN sin evaluar ... 69
    Según la CIN evaluada ... 70
    Según la información posicional ... 72
Secuencias numéricas cuasi-terminales ... 73
Secuencias numéricas decimales ... 74
    Métodos de valoración ... 75
Representación de las secuencias ... 77
Ampliación del concepto de número ... 79

6 LA RECTA DISCRETA ... 81

Introducción ... 81
Operaciones en la recta discreta ... 81
    Adaptación de las secuencias numéricas ... 82
    Sumas y productos ... 83
Información en los resultados ... 85
    Leyes de conservación de la CIN ... 85
    Leyes de la entropía numérica ... 87
Resultados forzados ... 89

7 LAS RECTAS NUMÉRICAS CONTINUAS ... 91

Introducción ... 91
Los números reales en la MC ... 92
Opción de implantación matemática A ... 94
    Axiomas de existencia ... 94
    Axiomas de accesibilidad ... 95
    Sistema axiomático A ... 95
    Idoneidad del sistema axiomático A ... 97
Opción de implantación matemática B ... 101
    Características de la recta infinita ... 101
    Sistema axiomático B ... 103
    Idoneidad del sistema axiomático B ... 104

8 CONTANDO NÚMEROS 107

Procesos meta-numéricos 107
Contando números naturales 109
   Las pruebas de Obin 110
   Las reflexiones de Obex 113
   Las evidencias de Obex 116

9 MODELADORES CONCEPTUALES 119

Introducción 119
Modeladores de conceptos matemáticos 119
Interacción entre los modeladores 123
Elección de los modeladores 125
Infinito accesible e inaccesible 128

10 HACIA EL DESARROLLO DE LA MDI 131

Introducción 131
Los números reales en la MDI 131
El pequeño teorema de Fermat 133
Sistemas numéricos 135
La discretización conceptual 138
Métricas discretas no-euclidianas 140

ÍNDICE ALFABÉTICO 143

Prefacio

Lo malo (o bueno) de investigar es que, por lo común, sabes cómo y dónde empezar, pero rara vez llegas a prever dónde y cómo acabará tu trabajo. En mi caso, a raíz de la concesión de una beca para estudiar en el área de microelectrónica, nada más llegar a mi destino me vi envuelto en el análisis y desarrollo de sistemas para la *síntesis de imágenes.* Este fue el primer revés al plan inicial, ya que acabé haciendo la tesis sobre un sistema gráfico que modela con *vóxeles* (el equivalente tridimensional de los famosos *píxeles),* aunque eso sí, dando al proyecto un enfoque microelectrónico, para ser coherentes con el espíritu de la beca.

Al regresar, continué desarrollando el sistema que había diseñado, pero ya sólo desde la perspectiva teórica e implantación informática, pues veía grandes posibilidades al software que traía entre manos.

Sin embargo, resultó que dicho sistema gráfico es lo que podría llamarse un *"emulador de un universo discreto tridimensional",* cuyo desarrollo teórico planteaba a menudo nuevas dudas y expectativas matemáticas. Como consecuencia, después de trabajar algunos años en la puesta a punto del sistema, las cuestiones matemáticas superaban, en la carpeta de asuntos pendientes, a las de aspecto técnico. Por ello, mis planes de investigación dieron un nuevo giro.

Así, decidí aparcar durante una temporada el sistema gráfico, para investigar los aspectos matemáticos del *espacio discreto euclidiano* tridimensional que utiliza el sistema, con la intención inicial de escribir un libro sobre *matemática discreta,* que incorporase los resultados que ya tenía y los nuevos que obtuviese. Cuatro años más tarde estaba listo un "libro" de 340 páginas, pero no era lo que esperaba de él.

En efecto, desde la perspectiva actual había conceptos mal planteados, mal contextuados y/o mal desarrollados, algo que suele ocurrir cuando se desconoce por dónde se anda. Para colmo de males, surgieron algunos "encontronazos teóricos" con la matemática tradicional, en cuestiones relacionadas con el infinito. En estas condiciones era evidente que sería una locura intentar publicarlo, aunque llegué tarde a esta conclusión, para desgracia de mi bolsillo, pues hubo una edición privada que finalizó con la mayor parte de los ejemplares en la estufa.

Prefacio

No obstante, la escritura de ese libro no fue, ni mucho menos, una experiencia baldía, ya que tras reposar y repasar su contenido, me di cuenta de que los choques frontales con la matemática tradicional se debían, en buena parte, a que el material desarrollado pertenecía a *"otra matemática"* (de naturaleza discreta) distinta de la habitual, pero con aspecto de ser tan válida y digna de crédito como ella.

Al percatarme de este hecho fundamental, retomé inmediatamente la escritura del libro pensando que ya tenía las ideas claras, pero en los dieciséis años trascurridos desde entonces, en más de una ocasión he tenido que reescribir capítulos enteros debido a omisiones, enfoques erróneos, evolución de los conceptos, etc. Afortunadamente, en todos esos años, en ningún momento he llegado a pensar que tendría que tirar el trabajo a la papelera, y volver con las manos vacías a mi sistema gráfico. La mayor parte del material desarrollado se encuentra en un libro, que ronda las mil doscientas páginas, titulado *"Fundamentos Discretos de una Nueva Matemática"*.

En resumidas cuentas, comencé a trabajar en un *modelador gráfico informático,* y en la actualidad me encuentro inmerso en el desarrollo de un *modelador conceptual matemático.* ¿En qué consiste?

Una de las conclusiones de este trabajo es que la matemática no es tan "única" como solemos pensar, o al menos no lo es en todos los aspectos, ya que existen otras posibilidades. Así, como ocurre en otros campos de la Ciencia, donde encontramos elementos naturales que se pueden modelar de distintas maneras (p. ej., la gravedad), también es posible la definición de los conceptos matemáticos en ámbitos diferentes, es decir, *con otro tipo de fundamentación*, dando lugar a la existencia de *matemáticas alternativas a la tradicional* que, de forma genérica, llamaremos *plataformas matemáticas* o *modeladores de conceptos matemáticos,* porque sencillamente es lo que hacen, según veremos en este ensayo. Por cierto, es obvio que, por su volumen, esta no es la obra mencionada arriba. ¿Cuál es la finalidad de este escrito?

El sentido común y los amigos han vaticinado que la mera publicación de un libro de ese tamaño podría retardar mucho mi plan de dar a conocer la *matemática discreta isodimensional* (MDI), nombre que recibe la nueva matemática. Por tal motivo, decidí respaldar la difusión del texto completo escribiendo este pequeño libro que, en su mayor parte, no es más que un *extracto adaptado* de los dos primeros

Prefacio

capítulos del *libro de referencia*, aunque reúne por sí solo el material suficiente para mostrar que los números se pueden definir, de manera rigurosa, sin acudir a los *sistemas axiomáticos*, la *teoría de conjuntos* y/o la *lógica matemática,* camino seguido por los principales matemáticos de finales del XIX, que fue cuando la fundamentación de la *recta real* alcanzó su momento álgido.

Los dos primeros capítulos están dedicados a la definición de los *espacios discretos euclidianos* y las *escalas,* que son clave en la cimentación de la recta numérica en esta nueva matemática. En el tercer capítulo aparece el concepto de *número natural*, reservando el cuarto para definir el *segmento discreto* y las operaciones aritméticas que se realizan en él. A continuación, se definen las *secuencias numéricas* (capítulo 5)*,* un concepto vital en el contexto de la *recta discreta,* sobre la cual se habla en el siguiente capítulo (el sexto).

Se llega así, partiendo de la recta discreta, a la *recta continua* (capítulo 7). Sin embargo, resulta que no es igual a la recta numérica que esperábamos encontrar, o sea, la *recta real* tradicional que define la matemática. En el mismo capítulo se analiza otra recta numérica, que tampoco es igual a la recta real, ni se pretende que lo sea, pues se mantienen algunos planteamientos discretos. Los capítulos octavo y noveno tratan de dilucidar qué enfoque matemático sería el más apropiado, de cara a desarrollar una matemática conforme con las necesidades científicas. El décimo, y último capítulo, habla sobre los *números reales* y los *sistemas numéricos* en la MDI y, asimismo, se proponen algunos de los criterios que se deberían aplicar en el desarrollo de esta nueva matemática.

Ricardo Ramos
Octubre, 2020

Agradecimientos

Tras publicar este ensayo en mi página web (en febrero de 2020), he recibido varios correos electrónicos para señalar errores (o malentendidos), consultar dudas, opinar, etc., lo que me ha facilitado corregir y publicar nuevas actualizaciones. Agradezco el interés mostrado a todos los que me escribieron (y escriben) y, muy en particular, a Santiago J. Díez, por indicarme el error en el cálculo del valor numérico y por la sugerencia sobre la entropía numérica, y a Juan H. García por sus consejos, que me ayudaron a mejorar el capítulo 7. También quiero dar las gracias a los que han manifestado su convicción sobre la trascendencia que la fundamentación discreta tendrá en las matemáticas, pues su confianza me da ánimos, aunque personalmente creo que, a corto y medio plazo, esta forma de fundamentar tendrá mucha más repercusión en la física que en las matemáticas, simplemente porque en la física es más necesaria.

1 Espacios Discretos Euclidianos

Introducción

Como saben, el *conjunto de los números reales* queda representado normalmente en un *espacio euclidiano unidimensional*. Por lo tanto, su aspecto habitual es el de una línea recta, con los infinitos puntos asociados a distintos números reales, de aquí el nombre de *recta numérica* o *recta real*. Por lo común, en ella aparecen representados los números negativos y positivos, ordenados según su valor. Así, la apariencia de la recta real es similar a la que vemos aquí.

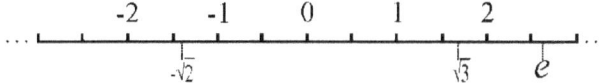

Figura 1: La recta real

Aunque el espacio euclídeo 1D es muy útil para representar a los números reales, por sí solo resulta insuficiente para fundamentar la existencia y propiedades de estos números, siendo necesarios los *sistemas axiomáticos*, la *teoría de conjuntos* y/o la *lógica matemática* en su definición[1]. No obstante, si a los espacios euclídeos se les dota de *una estructura discreta apropiada,* entonces pueden ser algo más que el soporte gráfico de los números reales, convirtiéndose en un elemento clave en la definición de la recta numérica.

El objetivo principal de este libro es mostrar cómo se puede establecer todo el entramado numérico en los espacios discretos euclidia-

---

[1] La fundamentación actual de los *números reales* fue desarrollada, en gran medida, durante la segunda mitad del siglo XIX. Matemáticos como *Georg Cantor* (1845-1918) o *Richard Dedekind* (1831-1916) figuran entre los principales impulsores de dichos fundamentos.

CAPÍTULO UNO

nos unidimensionales[1], presentando así vías alternativas para definir los *números*, los *sistemas de numeración*, los *sistemas numéricos* y demás conceptos matemáticos básicos.

El contexto dimensional

En *Elementos*, además de recopilar el conocimiento matemático de la época[2], *Euclides*[3] muestra una metodología deductiva sólida, razones que justifican por qué su obra ha sido una de las más influyentes de toda la historia matemática. El autor dedicó buena parte de los trece volúmenes de Elementos al desarrollo de todo un entramado geométrico *(geometría euclidiana)*, construido a partir del concepto de punto. Esa estructura ha ido creciendo con el paso de los siglos y, hoy en día, una buena parte de la matemática tiene sus raíces en los *espacios euclidianos* y, por ende, en los puntos. Pero ¿qué es un *punto geométrico*?

Euclides vino a decir en el primer libro de Elementos que, más o menos, un punto es "aquél que carece de magnitud y/o de elementos diferenciados". Aunque no sea una definición muy rigurosa (en opinión de la matemática actual), los puntos geométricos en los espacios euclídeos son siempre *adimensionales, es decir, carecen de dimensiones espaciales* (**puntos-0D**). Esta concepción adimensional de los puntos geométricos lleva a plantear la siguiente cuestión: si todo lo que nos rodea tiene dimensión ¿por qué usamos puntos adimensionales en la abstracción matemática?

Aunque actualmente es indudable que se puede trabajar con puntos-0D en matemáticas, algunos aspectos teóricos de los espacios euclídeos, como la *localización* y *accesibilidad* de los puntos-0D, podrían justificar, por sí mismos, la definición y uso de *puntos dimensionales,*

---

[1] Los números también se definen en espacios euclídeos de dimensión superior, pero sin duda son los unidimensionales los más importantes, por ser los más simples y utilizados.

[2] *Elementos* [*de Euclides*] no fue el primer texto matemático con axiomas, definiciones, teoremas y demostraciones. Dicho honor suele atribuirse a *Hipócrates de Quío* ≈(470-410) a. C., aunque su obra, llamada igualmente *Elementos,* se ha perdido.

[3] *Euclides de Alejandría* (≈365-300) a. C.

Espacios Discretos Euclidianos

según veremos más adelante. De todas formas, de poco vale suponer o decir que los *puntos del espacio euclidiano tienen dimensión* si esta afirmación no va acompañada de un desarrollo matemático acorde, que permita contar, medir, calcular y/o prever acontecimientos en dicho espacio. En definitiva, sin establecer la *métrica*[1] y demás propiedades, los *espacios de puntos n-dimensionales (n ≥ 1)* servirían de poco. Ahora bien, a estas alturas del quehacer matemático ¿merece la pena desarrollar una matemática que trabaje con puntos dimensionales? En la obra *"Fundamentos Discretos de una Nueva Matemática"* (2019, isodimensional.org), que será nuestro *libro de referencia*[2], se muestra que los resultados de ese esfuerzo podrían ser fundamentales en el desarrollo de los conceptos matemáticos.

Como ya es evidente que hemos apostado por los puntos geométricos dimensionales, tendremos que buscar conceptos y términos apropiados para trabajar con ellos. En este aspecto, la **matemática continua (MC)**[3] será de gran ayuda, es decir, no partiremos de cero. Sin embargo, no es aconsejable dejarse llevar por "lo establecido". Así, habrá que revisar algunas ideas de la MC, por muy básicas que sean y/o por muchos siglos que lleven asentadas. ¿Por dónde se empieza a desarrollar una matemática que maneja puntos dimensionales?

Un buen comienzo es el análisis de los *espacios discretos euclidianos n*D, que son espacios de puntos n-dimensionales con unas características determinadas. ¿Son estos *espacios discretos* muy diferentes de sus homólogos continuos? No del todo, dado que se pueden transformar en continuos aplicando el concepto de *límite dimensional*. Esta conexión entre ambos espacios (discreto y continuo) permite llegar, de manera natural, al concepto tradicional de punto geométrico, tras efectuar una incursión en el infinito. No es la única ventaja, pues

---

[1] En el sentido más genérico del término, es decir, la forma de medir un espacio en todos sus aspectos.

[2] En este libro se mencionan conceptos matemáticos, cuya definición y/o desarrollo se encuentra en el *libro de referencia*.

[3] En adelante, el término "continuo" *(matemática continua, espacio continuo,* etc.) denotará la *presencia de puntos-*0D *en los fundamentos*. Por el contrario, el término "discreto" indicará que los *puntos geométricos dimensionales aparecen en la base teórica*. En cualquier caso, las siglas MC siempre harán referencia a la *matemática tradicional*.

CAPÍTULO UNO

también sirve de excusa o argumento para aprovechar la mayor parte del bagaje conceptual de la *geometría euclidiana* y, asimismo, se pueden utilizar las ideas que aporten las geometrías que trabajen con puntos-0D.

El siguiente paso será analizar los fundamentos de la matemática, pero desde la perspectiva discreta. El trabajo con espacios discretos euclidianos obliga a replantear algunos conceptos matemáticos básicos (número, sistemas de numeración, sistemas numéricos, etc.), lo que conduce hacia unos fundamentos matemáticos de naturaleza discreta, *diferentes de los que hallamos en la MC,* que permiten definir los conceptos matemáticos de forma distinta, dando lugar a lo que llamaremos, de momento, *nueva matemática.* En otras palabras, aunque la MC y la nueva matemática sean distintas, comparten muchos conceptos, términos, teorías, etc., pero, claro está, cada una posee sus propias peculiaridades[1]. Por descontado, *ambas matemáticas son coherentes*, si bien *puede que su utilidad no sea la misma en todos los casos,* como veremos en el capítulo 9.

Los espacios discretos euclidianos

Los **espacios discretos euclidianos *n*-dimensionales (EDE-*n*D)** tienen sus raíces teóricas en los *espacios de puntos n*D, un concepto genérico que se ha de matizar, pues no todos los espacios de este tipo tienen interés matemático. Los EDE-*n*D, en concreto, quedan definidos tras establecer su *estructura* y *arquitectura,* aunque esta última no es necesaria en el análisis de la recta numérica y, por esta razón, no la veremos en este libro.

Definir la *estructura* o *tejido estructural* de un espacio[2] consiste en establecer la naturaleza, distribución y organización del material con que está hecho. Así, en los *espacios euclidianos continuos* (los tra-

---

[1] ¿Por qué son matemáticas diferentes? La consabida analogía del "edificio matemático" es buena para entenderlo. Aunque los edificios comparten muchos elementos arquitectónicos (puertas, ventanas, escaleras, etc.), si difieren en el trazado de los cimientos, entonces no pueden ser iguales.

[2] El término "espacio" tiene varias (o muchas) acepciones en la MC actual, dependiendo del contexto. En este caso hablamos de espacios similares a los euclidianos, *catalogados como métricos.*

dicionales) se supone que su estructura está formada por infinitos puntos-0D, *distribuidos de manera homogénea* por todo el espacio. En el caso de los EDE-nD comenzaremos la definición de su estructura viendo los *puntos n-dimensionales (puntos-nD)*, que son el ingrediente básico de estos espacios. En la siguiente fase veremos cómo se agrupan los puntos-nD para formar los *EDE locales* y, por último, analizaremos cómo se organizan jerárquicamente los EDE locales, dando lugar a los EDE-nD.

Puntos n-dimensionales

En esencia, los **puntos-nD** son *bloques n-dimensionales de espacio*[1] ($n \geq 1$) *sin forma geométrica definida*. Lo más interesante de los *puntos-nD* son sus *características funcionales*, aunque también resulta muy útil asignarles una *forma geométrica* apropiada[2].

En cualquier dimensión, los puntos-nD *carecen de partes diferenciadas n-dimensionales*, es decir, no poseen *subespacios nD*, lo que implica que el acceso a ellos ha de ser en su totalidad, una característica funcional que llamaremos **accesibilidad integral**[3]. Esto viene a decir que los puntos-nD son unidades básicas y homogéneas de información en los EDE-nD[4].

Al ser los puntos-nD porciones de espacio ¿están hechos de infinitos puntos-0D? En principio, es preferible imaginar las *celdas dimensionales* como bloques de espacio vacío (incluidas las fronteras). ¿Por qué? Según lo comentado, los puntos-nD se pueden convertir en puntos adimensionales aplicando la idea de límite dimensional. Por tanto, "suena raro" que de antemano los puntos-nD estén formados por infi-

---

[1] La idea de utilizar regiones de espacio como puntos dimensionales no es nueva en matemáticas. Un ejemplo lo encontramos en la *geometría de punto-libre,* propuesta por *A. N. Whitehead* (1861-1947).

[2] El aspecto geométrico de los puntos-nD es irrelevante desde el punto de vista teórico. Sin embargo, disponer de una imagen mental de ellos, y de los espacios discretos que forman, facilita las cosas.

[3] En la *nueva matemática,* la *accesibilidad integral* de los puntos-nD se parece mucho a un axioma, pero no lo es. Más adelante veremos por qué.

[4] Son algo así como los bits en los espacios de memoria de los ordenadores comunes.

nitos puntos-0D[1]. Además, la nueva matemática que veremos prescinde de la idea del *infinito continuo*[2] y, por tanto, también sería extraño acudir a nociones de otra matemática (la MC, p. ej.) para definir los conceptos propios.

Por otro lado, no puede haber huecos o resquicios entre los puntos-nD adyacentes, formando así EDEs locales **compactos**. Otro tanto ha de suceder con las proyecciones ortogonales de los puntos-nD, es decir, los EDE locales de puntos-$(n-1)$D, los de puntos-$(n-2)$D, ... y los formados por puntos-1D también han de ser *compactos*. En consecuencia, la forma cúbica es, en principio, la más adecuada para ellos en 3D, o al menos la más simple, lo que implica que los puntos-2D serán cuadrados y los puntos-1D segmentos lineales (Figura 2).

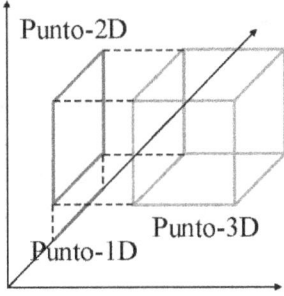

Figura 2: Puntos n-dimensionales

Por último, debemos tener presente, una vez más, que los puntos-nD *carecen de parámetros geométricos* (longitud, superficie, volumen, etc.), pues no son figuras u objetos, sino trozos de espacio sin definición geométrica teórica (sólo práctica)[3], y con *accesibilidad integral*. Esto implica que las mediciones en los EDE locales se realizan *contando los puntos-nD*, y no sumando longitudes, áreas o volúmenes. En

---

[1] Si un punto-nD estuviese formado por un bloque de espacio de infinitos puntos-0D, al reducir de forma gradual el tamaño de éste, es factible suponer que, en el límite dimensional, se llegase a tener un único punto-0D. Sin embargo, con este planteamiento los puntos-0D deben existir antes de ser definidos.

[2] *Infinito continuo* será el término que utilizaremos para referirnos al infinito que define la matemática tradicional cuando habla de la recta real.

[3] También sería válida cualquier forma geométrica, además de la cúbica, que cumpliese las funcionalidades especificadas para los puntos-3D.

definitiva, cualquiera que sea la dimensión $n \geq 1$, *la magnitud de un punto-nD es siempre* 1.

Definición de los EDE locales

Los puntos-nD forman una *matriz n-dimensional finita,* que llamamos **EDE local**, con lados de igual longitud *(l)*, es decir, con la misma cantidad de puntos-nD en cada lado. Por tanto, l^n es el total de puntos-nD en un EDE local. Según esto, la forma típica de los EDE locales en 3D será cúbica, cuadrada en 2D y lineal en 1D.

La apariencia de los EDE locales es similar a la que muestran los enrejados, cuadrículas, etc., que se definen en la MC. Ahora bien, por lo común esta similitud es sólo aparente, no conceptual, pues acabamos de ver que la métrica en los EDE locales sólo depende de los puntos-nD al completo, debido a la *accesibilidad integral*. Esta característica funcional no es, por razones obvias, una exigencia en la MC.

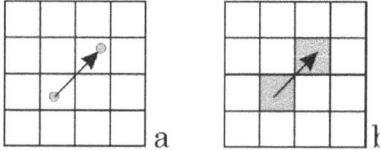

Figura 3: Cuadrícula de infinitos puntos-0D y EDE local de 16 puntos-2D

Así, en la cuadrícula de la Figura 3-a, los puntos-0D del interior de cada celda suelen ser accesibles, es decir, los elementos de la cuadrícula se consideran habitualmente como *subespacios del espacio euclidiano*. Por tanto, las mallas son simples artilugios para dividir (compartimentar) el espacio en zonas de puntos-0D*,* mientras que cada celda en un EDE local (Figura 3-b) es un único punto-2D[1]. En consecuencia, el total de puntos-0D en la Figura 3-a es infinito y, por el contrario, en la Figura 3-b sólo hay 16 puntos-2D.

Organización jerárquica de los EDE locales

Llegamos a la última fase en el diseño de la estructura de los EDE-nD, que consiste en la organización jerárquica de un número finito o indefinido de EDEs locales. El tamaño de los puntos-nD varía depen-

---

[1] En el ámbito digital, la idea de *píxel* o *vóxel* encaja con el concepto de punto-2D o 3D, respectivamente, aunque no en todos los casos.

diendo del nivel jerárquico donde se halle el EDE local al que pertenecen. Si el atractivo teórico de los EDE locales es grande de por sí, pronto veremos que su interés conceptual sube unos cuantos enteros cuando se organizan de manera jerárquica.

Jerarquización ascendente y descendente

Para crear jerarquías de EDEs locales existen al menos dos metodologías: la *jerarquización [espacial] ascendente* y la *descendente*[1].

En la *jerarquización ascendente,* con las celdas de un EDE local se forman grupos de puntos-nD siguiendo un criterio establecido. El *pegado*[2] de las celdas en cada uno de estos grupos da lugar a un nuevo punto-nD, que pertenece al EDE local ubicado en el *nivel jerárquico* inmediato superior. Esta misma operación vuelve a repetirse, una y otra vez, con los puntos-nD recién creados, formando así nuevas celdas (cada vez más grandes), y también nuevos EDEs locales de mayor nivel jerárquico.

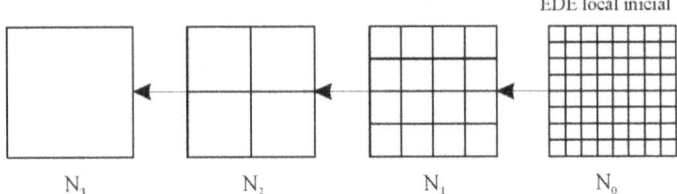

Figura 4: Jerarquización ascendente

En la práctica, el número de puntos-nD en el *EDE local de partida* (N_0 en la Figura 4) ha de ser finito, y acorde con las características de la jerarquía de EDEs locales que se quiera formar.

Por otro lado, la *jerarquización descendente* consiste en subdividir un punto-nD en un número finito de celdas-nD, que pasan a formar parte del EDE local ubicado en el *nivel jerárquico* inmediato inferior. A su vez, éstas vuelven a dividirse en puntos-nD más pequeños que

---

[1] Estas técnicas se utilizan en otros contextos, p. ej., en el *modelado volumétrico* o en la *síntesis de imágenes.*

[2] El *pegado* de dos puntos-nD (A y B) se define como la unión de ambos (A $\cup$ B), con (A $\cap$ B) = $\varnothing$. Sin embargo, como no hay acceso, por definición, al interior de los puntos-nD, la condición (A $\cap$ B) = $\varnothing$ está de más.

forman parte de un nuevo EDE local en el siguiente *nivel jerárquico*, etc. (Figura 5).

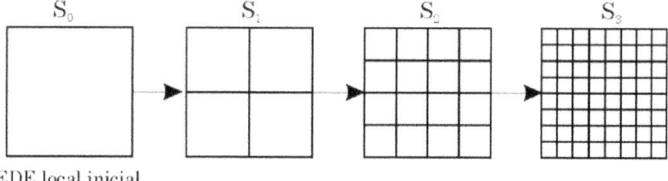

Figura 5: Jerarquización descendente

De este modo, como ocurre en la metodología ascendente, se van generando sucesivos EDEs locales en cada nivel de la jerarquía[1].

Opciones de implantación matemática

Aplicando la jerarquización descendente pronto surge una duda: ¿Qué ocurre si el proceso de subdivisión continúa indefinidamente? ¿Y si llega un momento en que se detiene?

Lo que suceda en la subdivisión descendente dependerá de que se admita o no *un número infinito de niveles en la jerarquía*. Si se da por hecho que la cantidad de niveles es infinita, entonces se ha de considerar qué ocurre con la dimensionalidad de los puntos-nD cuando llegan a ser infinitamente pequeños. Por el contrario, si la subdivisión espacial se detiene en algún momento debe existir un último nivel en la jerarquía, que podría estar ubicado en el infinito, al que llamaremos **nivel final**.

Combinando estas opciones teóricas en la jerarquización espacial descendente se establecen, según veremos, *diferentes tipos de fundamentos matemáticos* que dan paso a las *distintas* **matemáticas**[2] **de clase discreta** *(basadas en espacios de puntos dimensionales)*. Debi-

---

[1] También se puede plantear la jerarquización espacial *descendente* en términos absolutos (sin depender del nivel previo), como la partición de un punto-nD en $(b^n)^k$ puntos-nD iguales, con $b \geq 2$, siendo k el índice del nivel jerárquico del EDE local. La jerarquización espacial *ascendente absoluta* sería similar, obteniendo un punto-nD mediante el pegado de $(b^n)^k$ puntos-nD iguales.

[2] "Matemáticas distintas" viene a indicar "maneras diferentes de hacer matemáticas", o mejor, "definición y desarrollo de conceptos matemáticos, bajo fundamentaciones matemáticas diferentes".

do a ello, a estas opciones, junto a otras que no dependen de la jerarquización espacial descendente, las llamamos **distintivos matemáticos**. Cada combinación de *distintivos matemáticos* que dé lugar a una matemática[1] determinada (diferente de otras) será una **opción de implantación** [*matemática*]. En la jerarquización de los espacios discretos euclídeos hay al menos cuatro *opciones de implantación (A, B, C y D)* que proporcionan, en cada caso, una *matemática de clase discreta* distinta[2]. Así,

A. Existe un momento, instante o límite en la jerarquización espacial descendente, llamado *transición* o **paso al infinito**, a partir del cual los EDE locales *pierden su* **accesibilidad teórica**[3]. Además, tras el *paso al infinito* llega un momento en que *se detiene la subdivisión espacial* de los puntos-nD, debido a que éstos *se convierten en puntos*-0D (*transición* o **paso al continuo**). Por consiguiente, existe *nivel final*.

B. Similar a la *opción de implantación* previa, pero sin la existencia del *paso al continuo,* es decir, los puntos-nD de los EDE locales carecen de *accesibilidad teórica* en el infinito, pero *conservan su dimensión*. Asimismo, *se supone la presencia de un nivel final*.

C. Igual que la opción B, *pero sin nivel final*.

D. No existe *paso al infinito* en la jerarquización espacial descendente, es decir, el espacio se subdivide indefinidamente sin alcanzar un nivel donde desaparezca la *accesibilidad teórica* de los puntos-nD. Por tanto, éstos permanecen *teóricamente accesibles* y, además, *conservan su dimensión* en toda la jerarquía de EDEs locales. *No existe nivel final.*

En la tabla de abajo se especifican los *distintivos matemáticos* que intervienen en cada una de las *opciones de implantación*.

---

[1] La palabra "matemática" puede resultar confusa en este contexto. Por esta razón será sustituida, más adelante, por los términos "modelador conceptual" o "plataforma matemática".

[2] Hay otras *opciones de implantación*, pero no las veremos de manera explícita.

[3] Aunque los EDE locales se queden sin acceso teórico con el *paso al infinito*, pronto veremos que para ellos existe otro tipo de accesibilidad.

| Opciones de | Distintivos matemáticos | | |
implantación	Paso al infinito	Paso al continuo	Nivel final
A	Sí	Sí	Sí
B	Sí	No	Sí
C	Sí	No	No
D	No	No	No

Tabla 1: Opciones de implantación en la jerarquización descendente

Vemos que el *paso al infinito* implica la pérdida de la *accesibilidad teórica* de los puntos del espacio o, en otros términos, cuando los espacios locales se hallan ubicados jerárquicamente en el infinito, el *acceso teórico* a ellos no es posible. Ahora bien, ¿qué es el acceso teórico? ¿Qué o quiénes carecen de acceso teórico a los espacios locales ubicados en el infinito? Las respuestas a estas y otras cuestiones las iremos viendo a lo largo del libro.

Entre las opciones de implantación disponibles ¿cuál hemos de elegir? La opción D lleva directamente hacia los *nuevos fundamentos de la recta numérica* que veremos en este libro, aunque en el capítulo 7 también tantearemos otras opciones.

Isodimensionalidad y funcionalidad

La presencia de puntos dimensionales amplía la gama de estructuras disponibles para los espacios euclidianos[1]. Así, siendo $m \geq 0$ la dimensión del espacio y $n \geq 0$ la dimensión de sus puntos-nD, en la Tabla 2 se pueden ver los cuatro tipos posibles de espacios euclídeos, en función de la estructura.

	$m > n$	$m = n$	$m < n$
$n = 0$	Continuos	–	–
$n \geq 1$	Semicontinuos	Discretos	Funcionales

Tabla 2: Tipos de espacios euclidianos

---

[1] Aunque su estructura sea distinta, comparten la métrica euclidiana.

CAPÍTULO UNO

Los *espacios semicontinuos* (o semidiscretos) se caracterizan por tener n dimensiones discretas (de puntos-nD), y las restantes continuas (de puntos-0D), al ser $m > n \geq 1$[1].

Por otro lado, un espacio es **isodimensional** *cuando la dimensión del espacio y de los puntos-nD es la misma (m = n)*. Según la tabla anterior, la *isodimensionalidad* es una característica exclusiva de los *espacios discretos* (un punto-0D no es un espacio). Aprovechando esta peculiaridad, el término *isodimensional* servirá para designar a las *matemáticas de clase discreta*. En concreto, la *nueva matemática* de la que venimos hablando, en adelante será la **matemática discreta isodimensional (MDI)**. Por lo común, a lo largo del libro usaremos este nombre (y siglas), con la intención de marcar diferencias con la MC y, asimismo, para evitar confundirla con la *matemática discreta tradicional*[2].

Finalmente, la dimensionalidad de los puntos geométricos trae consigo la idea de **dimensión funcional** cuando $m < n$, un concepto ligado a las *restricciones dinámicas* que establecen los **espacios funcionales md**, que son espacios formados con puntos-nD, donde *el movimiento está restringido a m dimensiones primarias*[3]. Por ejemplo, con puntos-3D se pueden construir *espacios funcionales* de cero, una o dos *dimensiones funcionales,* es decir, puntos, segmentos o planos formados con puntos-3D. El *espacio* y *dimensión funcional* son conceptos clave en la MDI.

---

[1] Este tipo de espacios no tiene mayor interés en nuestro caso, pero la idea de espacios con n dimensiones *reales* y *(m − n)* dimensiones *virtuales* puede ser atractiva en otros ámbitos.

[2] Como sucede con la matemática discreta tradicional ¿por qué no considerar a la MDI como un campo de la MC? Pues simplemente porque no tiene sentido la existencia de una sola matemática *con dos sistemas de fundamentos distintos*.

[3] En un segmento funcional *(m = 1)* creado con puntos-3D hay una dimensión primaria y dos secundarias. Estas últimas nos recuerdan a las "dimensiones extra" que requiere la *teoría de cuerdas*. La fibra óptica es un claro ejemplo de espacio funcional 1d, pues los fotones avanzan en 1d (dimensión primaria), aunque utilizan las dimensiones secundarias para reflejarse en la superficie interna de la fibra.

2 Escalas en los EDE-nD

Introducción

Bastantes siglos después de la aparición de la obra de Euclides, el matemático y filósofo *René Descartes* (1596-1650) revolucionó el estudio de la geometría incorporando ejes graduados en los espacios euclidianos[1], que permiten etiquetar cada punto del espacio de forma numérica. Esta simple (pero genial) idea hace posible trabajar de manera algebraica con los objetos del espacio euclídeo *(geometría analítica)*.

Los EDE-nD disponen de un sistema similar de etiquetación numérica de los puntos-nD, que surge del concepto de *escala espacial*. La MC también define y utiliza escalas espaciales, pero éstas no alcanzan la importancia, ni la omnipresencia, que tienen en el seno de la *matemática discreta isodimensional*.

Escalas espaciales

A primera vista podría parecer que la estructura jerárquica de un espacio es lo mismo que la *escala espacial*, pero no es así, y no resulta fácil precisar con palabras este concepto. Una posible definición genérica sería algo así como *"orden o patrón matemático que surge en la distribución de los puntos dimensionales, tras efectuar una jerarquización metódica de un espacio"*. En el caso de los EDE-nD, el patrón matemático se aprecia en la distribución de los puntos-nD en los diversos EDEs locales de la jerarquía espacial.

Dado que es posible jerarquizar un espacio de modo aleatorio, sin que haya orden aparente entre los puntos n-dimensionales de los distintos espacios locales, la estructuración jerárquica del espacio *no*

---

[1] Los historiadores de la matemática suelen coincidir en que el uso de sistemas de coordenadas no comenzó con Descartes, pues otros autores, como *Nicolás Oresme* (≈1323-1382), los conocieron y utilizaron primero.

siempre da lugar a una escala espacial. Una analogía en el ámbito musical ayuda a comprender este punto de vista. Así, la diferencia entre crear una estructura espacial jerárquica con o sin escala, es equiparable a diseñar un instrumento capaz de hacer música o sólo ruido.

Se intuye entonces que, de la ingente cantidad de procesos de jerarquización espacial posibles, sólo una pequeña porción genera un *espacio discreto con escala,* que llamaremos **procesos de discretización escalar**. Por lo general, estos procesos siguen patrones bien establecidos, es decir, no suelen ser aleatorios, como tampoco lo es la creación de instrumentos musicales. En adelante, nuestro interés se centrará en este tipo de estructuración jerárquica, y la terminología que usaremos será la habitual en el contexto de las escalas [espaciales]. No tardando mucho quedarán definidos los términos más usuales relacionados con ellas.

Clasificación de las escalas espaciales

Aunque podríamos establecer la clasificación de los *procesos de discretización escalar,* es preferible centrarse en los resultados que éstos generan *(espacios discretos escalados),* o mejor aún, clasificaremos directamente las escalas, pues será el concepto que utilizaremos de modo habitual.

Como las celdas dimensionales se pueden trocear o agrupar de innumerables formas, la cantidad de *escalas espaciales* diferentes que surgen en la *discretización escalar* es **inagotable** *(sin límite teórico).* Sin embargo, su catalogación es relativamente sencilla, pues en la práctica se aplican tres criterios de clasificación: el *ámbito de la escala,* las *acotaciones escalares* y los *patrones de discretización escalar.*

Clasificación en función del ámbito de la escala

Una **escala global** (o *absoluta*) es la que resulta de la discretización escalar de un único punto-nD, que abarca a todo el EDE-nD *(jerarquización global).* Por consiguiente, la *escala global* es única, y el punto-nD de partida, ubicado en el **nivel global** de la jerarquía, es la **raíz global** de la escala.

Por otro lado, la discretización escalar de cualquier punto-nD, que no sea *raíz global*, da lugar a una **escala local**, con su primer nivel jerárquico (**raíz local**) asociado a dicho punto-nD.

Clasificación en función de las acotaciones

En la *jerarquización espacial ascendente,* si la cantidad de puntos-nD en el EDE local de partida es teóricamente inagotable, entonces la escala que se obtiene es **externamente abierta**. En cambio, si el número de puntos-nD en el EDE local inicial es finito, la escala resultante es **externamente cerrada** (caso habitual), es decir, recorriendo los niveles de la jerarquía hacia arriba se llega a un *nivel de acotación escalar* (**raíz de la escala**).

Cambiando ahora de metodología, si en la *jerarquización espacial descendente* existe un tope, o criterio teórico, que detiene la subdivisión de los puntos-nD en un nivel dado, entonces la escala es **internamente cerrada**. En el *nivel extremo* (último de la escala) se encuentra el **EDE local terminal**, formado por **puntos-nD terminales**. Por el contrario, si las celdas se subdividen indefinidamente, sin perder en ningún momento su dimensionalidad[1], entonces la escala es **internamente abierta**, siendo inagotable el número de niveles en la jerarquía. En el ámbito teórico, lo común es trabajar con EDEs-nD *externamente cerrados,* pero sin acotación interna *(internamente abiertos),* es decir, sin un límite inferior para los EDE locales, aunque al estar acotados externamente, el número de puntos-nD es finito en cada uno de ellos.

Clasificación según los patrones de discretización

Atendiendo a las normas que rigen la *jerarquización espacial*, encontramos las escalas **regulares** e **irregulares**. Si cada celda, en cada EDE local, se subdivide siempre de igual manera, es decir, con la misma distribución y proporciones, entonces la escala es *regular;* en cualquier otro caso será *irregular*. En las escalas regulares, la distri-

---

[1] La subdivisión indefinida es incompatible con la pérdida de la dimensionalidad de los puntos-nD *(paso al continuo),* pues no tiene sentido continuar dividiendo los puntos-0D.

bución o plantilla utilizada en la subdivisión de las celdas se conoce como **patrón escalar** (Figura 1-b).

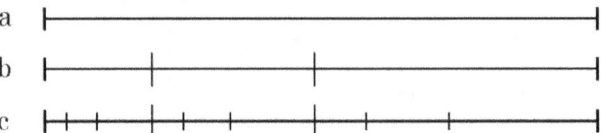

Figura 1: Patrón escalar (b) de una escala regular en un espacio 1D

Vean que la *regularidad* no requiere que las celdas sean iguales, pues basta con que sean proporcionales al tamaño de las celdas del *patrón escalar,* como se puede apreciar en la Figura 1-c.

Un parámetro muy importante en la definición de las escalas regulares es el *número de puntos-nD en que se subdivide cada celda*, conocido como **orden** de la escala. En el ejemplo anterior, la escala es de *orden* 3, pues cada celda se divide, según el patrón escalar, en tres partes (Figura 1-b). Las *escalas regulares requieren que el orden sea constante en cada nivel,* pero *un orden constante no implica la regularidad de la escala.*

Otro aspecto fundamental de las escalas es la *uniformidad* de los puntos-nD. Una escala es **uniforme** cuando todas las celdas son iguales en un EDE local cualquiera[1]. *La regularidad no implica uniformidad* (Figura 1) y, asimismo, *la uniformidad tampoco implica regularidad,* pues podría variar el orden de la escala de unos niveles a otros, sin que ésta deje de ser uniforme (Figura 2). Por lo común, las escalas más apreciadas son las regulares y, por supuesto, las regulares uniformes[2]. En este grupo brillan con luz propia aquellas cuyo orden es 2^n, siendo n la dimensión del espacio (Figura 5, pág. 23).

---

[1] Aunque no tenga mayor interés en la MDI, ya podemos definir un espacio euclídeo tradicional como "EDE local que resulta en la jerarquización espacial descendente regular uniforme, cuando los puntos-nD alcanzan el límite dimensional en el infinito (paso al continuo)". Que la escala sea regular uniforme garantiza una distribución homogénea de los puntos-0D en el espacio euclídeo continuo resultante. Otra versión más clásica sería "EDE local en el límite dimensional, cuando el número de niveles en la discretización escalar regular uniforme tiende a infinito".

[2] A medida que las escalas se alejan de la regularidad y/o de la uniformidad, la métrica de los espacios discretos no-euclidianos se complica.

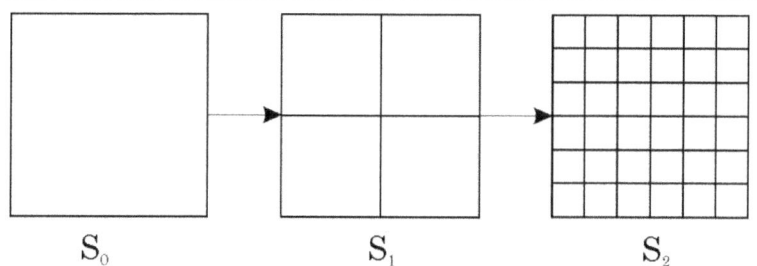

Figura 2: Ejemplo de discretización espacial irregular uniforme

En cuanto a las *escalas irregulares, la irregularidad no implica aleatoriedad,* por lo que es factible pensar en una jerarquización espacial irregular, con patrones escalares *que varíen de modo regular.* Un ejemplo de escala *irregular uniforme* lo encontramos en la Figura 2, donde $(j+1)^2$ es el orden de la escala en el nivel S_j. Por lo tanto, también es posible clasificar las escalas irregulares, atendiendo a patrones cíclicos, incrementales, etcétera. No obstante, estas escalas se alejan de nuestros objetivos, por lo que abandonamos aquí el tema definitivamente.

Terminología en el contexto de las escalas

Para trabajar sin ambigüedades en el ámbito de las escalas se requiere una terminología adecuada que, tarde o temprano, se ha de definir, aunque hacerlo no resulte ameno; en nuestro caso ha llegado el momento.

Uno de los términos que encontraremos con mayor frecuencia será el de **nivel escalar** que, en términos generales, hace referencia a *cualquiera de los niveles en la jerarquía de espacios locales* que configuran un *espacio discreto escalado*. Por tanto, trabajando con escalas espaciales, *nivel jerárquico* o *nivel escalar* viene a ser lo mismo. Las restantes definiciones giran alrededor de los conceptos de *segmento* y *entorno escalar*.

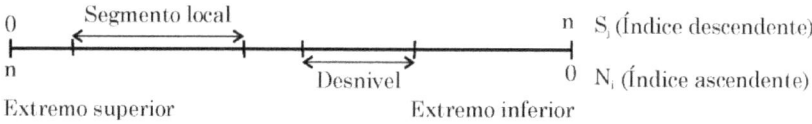

Figura 3: Elementos característicos de un segmento escalar

Llamaremos **segmento escalar**, a la *representación lineal de un conjunto de niveles escalares consecutivos.* En relación directa con los *segmentos escalares,* aparecen los términos y conceptos que se muestran a continuación:

- **Nivel extremo** *(superior o inferior),* alguno de los dos niveles de acotación de un segmento escalar.
- **Nivel intermedio**, cualquiera de los niveles de un segmento escalar que no es extremo.
- **Longitud** *(de un segmento escalar),* total de niveles escalares que forman el segmento, extremos incluidos.
- **Segmento global**, aquél cuya longitud es igual al total de niveles en la *escala global.*
- **Segmento local**, es el que corresponde a una escala local.
- **Fragmento**, es un segmento local en una serie de segmentos concatenados, todos de igual longitud.
- **Desnivel**, total de niveles que hay que subir o bajar en la escala, para pasar de un nivel escalar a otro distinto.
- **Índice** [*de nivel*] **descendente**, indexa consecutivamente los niveles de una escala, comenzando por el extremo superior. Así, S_0 corresponde a la raíz de la escala y S_k sería el *índice descendente* en el nivel k, contando desde el extremo superior. El *índice descendente* podrá ser global o local, según sea el segmento escalar indexado.
- **Índice** [*de nivel*] **ascendente**, indexa consecutivamente los niveles de una escala, comenzando por el extremo inferior. En esta ocasión, N_0 indexa el *nivel inferior de acotación* de la escala y N_j sería el *índice ascendente* en el nivel j, contando desde N_0. De igual modo, el *índice ascendente* podrá ser global o local, según las características del segmento escalar indexado. Se cumple que $S_k = L - (N_j + 1)$, siendo L la longitud del segmento.
- **Intervalo escalar**, segmento escalar delimitado por *índices de nivel,* ya sean absolutos o relativos. Así, $[S_i, S_j]$, con $j > i$, sería un *intervalo escalar,* determinado mediante índices de nivel absolutos, lo mismo que $[N_j, N_i]$. Un intervalo de igual longitud, usando índices relativos, quedaría indicado como $[S_0, S_k]$ o $[N_k, N_0]$, con un desnivel $k = j - i$.

- **Desglose escalar**[1], es un tipo de **desglose espacial**, que consiste en la presentación gráfica conjunta de los primeros espacios locales de un segmento escalar, mostrando la distribución de los puntos dimensionales en cada uno[2].
- **Mapa escalar**, es la representación gráfica de todos los espacios locales de un segmento escalar.
- **Navegación escalar** *(ascendente* o *descendente)*, término utilizado para indicar que un *elemento virtual* asciende o desciende uno o más niveles en la escala.

Por otro lado, un **entorno escalar** es un segmento escalar, donde hay un *nivel intermedio de referencia*.

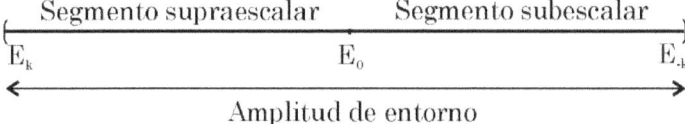

Figura 4: Elementos característicos de un entorno escalar

Relacionados con los *entornos escalares* aparecen los conceptos:

- **Segmento supraescalar** o *externo*, formado por los niveles superiores del entorno escalar.
- **Segmento subescalar** o *interno*, formado por los niveles inferiores del entorno escalar.
- **Amplitud**, es la longitud de un entorno escalar.
- **Índice del entorno**, numera los niveles de un entorno de modo consecutivo, *correspondiendo el 0 al nivel de referencia*. Así, $\mathbf{E}_k$ indexa un nivel del *segmento supraescalar,* con $k \geq 0$, y $\mathbf{E}_{-k}$ hace lo propio en el *segmento subescalar,* con $-k \leq -1$.

Otros conceptos relacionados con las escalas serán definidos a medida que vayan siendo necesarios.

---

[1] Al tratarse de una estructura, un término más apropiado sería *desensamblado escalar* (o similar), pero resulta incómodo en castellano.

[2] Los *desgloses escalares* de los EDE-nD juegan un papel importante en la definición de los números.

CAPÍTULO DOS

Diseño de la estructura de los EDE-nD

Sabemos ya que la materia prima de los *espacios discretos euclidianos* son bloques uniformes de espacio (puntos-nD), que se pueden pegar de forma *compacta* (sin resquicios). Además, el pegado de las proyecciones ortogonales de los puntos-nD también debe ser compacto, lo que lleva a suponer que los puntos-3D son de forma cúbica. Asimismo, conocemos la distribución matricial de los puntos-nD (EDEs locales), y el modo en que éstos se organizan de forma jerárquica. En principio, no habría más que decir sobre la estructura de los EDE-nD[1]. No obstante, falta por ver la metodología utilizada en la definición de la estructura, una cuestión que merece la pena comentar, pues difiere, de forma notoria, respecto al método de actuación habitual en la MC.

Debido a la naturaleza discreta de los EDE-nD, la vía axiomática no es adecuada para definir su entramado estructural, siendo preferible el "diseño explícito", como si se tratase del espacio de memoria de un ordenador. Por consiguiente, los EDE-nD *quedan establecidos por diseño y construcción,* sin la presencia de sistemas axiomáticos.

Cuando se diseña algo, lo normal es establecer primero las propiedades o características deseadas, atendiendo a ciertos aspectos, como los de utilidad, coste, sencillez, funcionalidad, generalidad, ergonomía, vistosidad, elegancia, etcétera. En el diseño de los EDE-nD, primará que sean útiles, simples y generales. Por tanto, serán los criterios de *utilidad, simplicidad* y *generalidad* los que se impongan en el momento de tomar decisiones sobre las *especificaciones* (**opciones de diseño**) de la estructura de los EDE-nD. Pero ¿qué se supone que es la utilidad, la simplicidad y la generalidad de un espacio matemático?

Por lo común, los matemáticos asienten sobre qué es la simplicidad en matemáticas, siendo probable que muchos estén de acuerdo en que, p. ej., la división regular y uniforme del espacio en celdas cúbicas es la forma más simple de crear un EDE-3D compacto. En consecuencia, sin ahondar más en el tema, daremos por hecho que se cumple el

---

[1] Lo cierto es que se podría incluir el concepto de *canal,* pues resulta muy útil para tratar cuestiones topológicas, pero su presencia es indiferente de cara a la definición de la recta numérica.

criterio de simplicidad en el diseño de la estructura de los EDE-nD, pues los resultados que se obtienen son plenamente satisfactorios, es decir, ningún otro diseño nos dejaría más satisfechos en este aspecto.

En cambio, decidir si algo es útil o no puede resultar controvertido. La razón está en que ese "algo", que de momento no encuentra aplicación, algún día podría ser la clave para el desarrollo de otro "algo" que sea realmente útil[1]. Entonces, ¿cómo y cuándo sabremos si los EDE-nD diseñados son útiles? En principio, esta pregunta sólo debería tener una respuesta certera, después de haber sido probados en múltiples ámbitos científicos y matemáticos. Sin embargo, la utilidad de los EDE-nD está garantizada de antemano, pues *poseen la misma métrica que los espacios euclídeos y cartesianos,* que ya han demostrado su valía durante siglos.

Por último, para favorecer la generalidad de los EDE-nD se ha de cuidar que el diseño carezca de asimetrías, excepciones, irregularidades, singularidades, etc., pues limitan la generalización teórica y, por tanto, dificultan la generalidad y simplicidad de las propiedades matemáticas.

Pronto veremos que los EDE-nD acotados, con estructura escalar *regular uniforme,* son los más adecuados para alcanzar las especificaciones de diseño indicadas.

Elementos de los EDE-nD

Si la mejor forma de llegar al concepto de punto geométrico en los espacios euclidianos continuos es trabajando con ellos, lo mismo sucede con los *elementos de los* EDE-nD, aunque primero se han de clasificar, quedando organizados en dos grandes grupos: por un lado están los *elementos estructurales,* como los puntos-nD y, por otro, los *funcionales,* como las escalas[2]. Existe otro par de elementos funcionales (los

---

[1] Esto ha ocurrido, p. ej., con los números primos, que han carecido de aplicación durante siglos, hasta que encontraron su lugar en algunos sistemas criptográficos.

[2] Como el estudio de la recta numérica no requiere un análisis exhaustivo de los elementos de los EDE-nD, veremos solamente los elementos y conceptos que vamos a necesitar.

CAPÍTULO DOS

observadores y la **información**), que juegan un papel importante en la MDI y, en particular, en el análisis de la *recta numérica*.

Desde el punto de vista matemático, un *observador es un receptor y procesador de información,* hasta el punto de que no tiene sentido la existencia de información sin observadores y, menos aún, la presencia de observadores sin información. La importancia de los observadores en la matemática es innegable, desde el mismo momento en que toda la abstracción matemática es, en sí misma, información sintetizada por y para los observadores. Aun así, apenas aparecen en la MC, aunque hace tiempo que conocemos su importancia, incluso a través de publicaciones literarias, como la novela *Planilandia*[1].

En la MDI, a los "habitantes" que supuestamente viven en un EDE-nD los llamaremos **observadores internos** del EDE-nD. En cambio, si los observadores habitan en un EDE-mD, con $m > n$, desde el cual pueden observar globalmente a los EDE-nD, entonces serán **observadores externos**.

En nuestro caso somos *observadores externos* del EDE-1D y del EDE-2D[2], lo que significa que percibimos directamente la forma de estos espacios euclídeos, es decir, conocemos su estructura de manera concisa, sin necesidad de hacer inferencias de ningún tipo. Por otro lado, somos *observadores internos* de los EDE-nD, cuando $n \geq 3$, por lo que carecemos de una visión global de estos espacios. No obstante, a partir del conocimiento adquirido en los EDE-nD de dimensión inferior, deducimos la [posible] forma y propiedades de los EDE-nD en dimensiones superiores.

En cuanto a la *información,* desgranar los diversos aspectos de la *información numérica* es lo que más interesa de cara al estudio de la recta real, algo que iremos haciendo gradualmente en los próximos capítulos.

---

[1] *Planilandia: Una novela de muchas dimensiones (Flatland: A Romance of Many Dimensions),* de Edwin A. Abbott, 1884.

[2] Los desgloses y mapas escalares de los EDE-2D no podemos observarlos de forma global, pero nos arreglamos con la información proporcionada por las distintas perspectivas, tomadas en momentos diferentes.

Finalmente, los elementos típicos de la geometría euclidiana (vértices, aristas, líneas, etc.) también resultan útiles en el contexto de los EDE-nD, pero al estar constituidos por puntos-0D, en la MDI se consideran **elementos virtuales**. ¿Son indispensables en el desarrollo de la MDI? Los *elementos virtuales* son muy útiles, aunque no imprescindibles[1]. De lo contrario, la MDI se vería forzada a usar conceptos que no puede definir por sí misma y, por tanto, su fundamentación se vería comprometida. Como la *geometría euclidiana* es nuestra referencia común, la presencia de los *elementos virtuales* resulta cómoda e inocua.

---

[1] Es posible definir sucedáneos de los *elementos virtuales* en niveles subescalares muy alejados de nuestro entorno de trabajo, pero se agradece contar con los genuinos puntos-0D.

3 Los números naturales

Diseño del EDE-1D

Cualquiera que sea la dimensión n, el hecho de que el proceso de *jerarquización espacial descendente* comience en un punto-nD, implica que la *escala global* de los EDE-nD será *externamente cerrada*. ¿Está asimismo la escala global *acotada internamente*? Pues depende de para qué se quieran diseñar los EDE-nD.

En efecto, cuando se trata de analizar y resolver cuestiones teóricas de la MDI, lo habitual es que no exista una cota inferior en la escala global, sin que esto implique la pérdida de la dimensionalidad de los puntos-nD *(opción de implantación D, pág. 23)*. Además, al ser los EDE-nD *externamente cerrados*, el número de puntos-nD en un EDE local *es siempre finito,* independientemente de cuál sea el nivel escalar en el que se halle definido. Así, siendo S_k el **nivel [escalar] de definición** de un EDE local y b el orden de la escala, *el total de puntos-nD que hay en dicho EDE local viene dado por b^k*. Esta cantidad se conoce como **base [del EDE local]**.

Centrándonos ya en la primera dimensión, los aspectos básicos de la estructura del EDE-1D coinciden con las ideas generales ya expuestas. Así, los puntos-1D de los EDE locales quedan representados por segmentos, aunque es posible imaginarlos como *espacios de dimensión funcional* 1d (Figura 1-a)

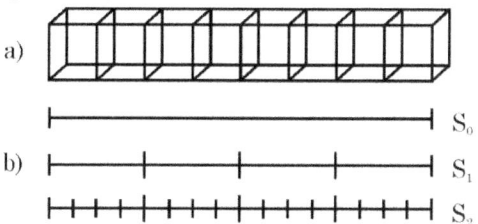

Figura 1: Tres niveles del desglose escalar de un EDE-1D

En cuanto a la organización jerárquica de los EDE locales, tampoco hay novedades. La escala global será *externamente cerrada* e *inter-*

namente abierta, al menos de cara al análisis de la *recta numérica.* Por descontado, también será *regular uniforme.* La Figura 1-b muestra 3 niveles en el *desglose escalar* del EDE-1D, siendo la escala de orden 4.

Etiquetado escalar del EDE-1D

Debido a su extrema sencillez, lo más interesante en el EDE-1D es la forma que tienen los observadores de ver y organizar este mundo unidimensional.

La regularidad y uniformidad, que son la esencia de la discretización escalar en la MDI, suponen un problema para los observadores, pues todas las celdas de un mismo EDE local son iguales, sea cual sea el orden de la escala, lo que hace que sean indistinguibles, excepto por su disposición espacial relativa. En aras de la utilidad matemática de los espacios discretos, los observadores han de *etiquetar los puntos-n*D *en los EDE locales,* un proceso que llamaremos *señalización* o **etiquetado escalar** <*indexación escalar*>[1].

Como observadores externos, es posible señalizar los EDE-1D de forma *explícita*; basta con etiquetar los puntos-1D de modo conveniente en los primeros EDE locales del desglose escalar, e inferir una norma que permita etiquetar los puntos-1D en cualquier otro nivel. Sin embargo, también se puede optar por una vía de *organización y etiquetación implícita,* similar a la seguida por Euclides para determinar las propiedades del espacio que lleva su nombre, es decir, estableciendo ciertas suposiciones (postulados), método que puede ser bastante más ilustrativo que la vía explícita.

En la organización y señalización escalar implícita, la escala y el etiquetado son una consecuencia, no un fin[2]. Esta es la mayor dife-

---

[1] La idea es llegar a definir conceptos aritméticos, pero de momento utilizaremos una terminología alternativa más intuitiva que la usada habitualmente en la aritmética, aunque al lado estará el <*término aritmético sinónimo*>, que será el que prevalezca al final.

[2] Lo mismo sucede, por ejemplo, con los espacios euclidianos y no euclidianos, cuya forma y características son una consecuencia de los axiomas establecidos, no un fin. De ahí, lo habitual es que surjan primero las geometrías correspondientes, y más tarde su interpretación espacial.

rencia respecto a la señalización explícita, donde se dispone de una discretización jerárquica del espacio, y el fin u objetivo es etiquetarlo. Una labor así (organizar y etiquetar implícitamente) conviene que la realicen los observadores internos, es decir, los atrapados en el interior de los EDE-nD, pues garantizan un etiquetado implícito genuino, al carecer de una percepción global del espacio (condición necesaria para la señalización explícita). Entonces, dejemos que sean los habitantes del EDE-1D (los *edianos* o *edis*) los encargados de jerarquizar y etiquetar su propio espacio (territorio), mediante un proceso tan antiguo como la propia vida: *la colonización*.

Tierra de 0: un pequeño cuento matemático

En las colonizaciones humanas son muchos los factores que intervienen (tantos como gente participa, como mínimo), por lo que es impredecible la evolución detallada de una colonización. Si queremos que sea regular y uniforme la escala que proporciona la *jerarquización escalar implícita*, los edis deberán seguir ciertas normas, por lo que, a modo de axiomas (recordemos los pasos dados por Euclides), vamos a establecer las características de los edianos:

1. La reproducción de los edianos está programada genéticamente, de modo que, a lo largo de su vida, cada edi tiene diez hijos (sin pareja), hasta que la comunidad ediana alcanza la "saturación social". Desde ese momento, los edis sólo tienen un hijo en el mismo periodo de tiempo. Cumplido el ciclo reproductor, los edianos mueren.

2. Los edianos son tradicionalistas (o quizá supersticiosos). El caso es que siempre dan el nombre de sus diez dioses a sus diez hijos, y en el mismo orden. En su escritura pictográfica, esos nombres se representan, casualmente, por los signos 0, 1, 2, 3, 4, 5, 6, 7, 8 y 9.

3. Los edis dividen su territorio en diez partes iguales, dando una a cada hijo, de modo consecutivo, a medida que van naciendo.

4. A partir de la generación que alcanza la saturación social, el único heredero recibe la finca y el nombre de su padre.

Atendiendo a estas peculiaridades de los edianos, veamos cómo se llevó a cabo la colonización de un EDE-1D, similar al mostrado en la Figura 2.

La colonización comenzó con la llegada del primer edi, que provenía de otro EDE-1D lejano. No fue una casualidad que este pionero se llamase 0 ni que fuese joven (sin hijos), pues solamente los jóvenes edianos de la estirpe 00... podían salir a colonizar nuevos territorios, tras la saturación social. Siguiendo la tradición, lo primero que hizo 0 nada más llegar a tierra ignota fue dar su nombre al nuevo mundo. Lo llamó *Tierra de 0* o simplemente 0.

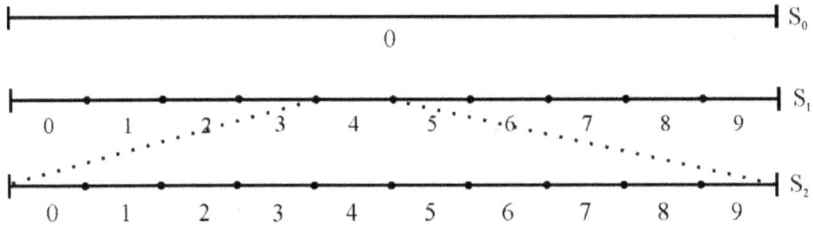

Figura 2: El EDE-1D después de tres generaciones de colonizadores

Pasó el tiempo, y siguiendo los "postulados" edianos 0 tuvo diez hijos y cien nietos. En la figura anterior se observa la distribución de los pioneros en el EDE-1D hasta la tercera generación, en la que los edianos alcanzaron la saturación social. Para ellos, los EDE locales de la segunda y última generación eran *regiones* y *fincas,* respectivamente; Tierra de 0 era el *territorio*.

Fijémonos en un edi cualquiera de la tercera generación, por ejemplo, en uno llamado 7. En dicha generación había diez edis con este nombre y, por tanto, era necesario utilizar el nombre completo (incluyendo la ascendencia) para distinguirlos. Suponiendo que nuestro edi fuese 047, para los edianos de su generación este nombre significaba "7, hijo de 4, hijo de 0".

Ahora bien, en las generaciones posteriores a la saturación social, el inquilino de esa finca ya no era nieto del pionero, por lo que 047 pasó a significar "7, en 4", es decir, *se convirtió en la dirección postal* del edi que vivía allí (suprimían el "0", pues todos residían en el mismo territorio).

En definitiva, a partir de la tercera generación, el EDE-1D descubierto por 0 quedó espacialmente jerarquizado y etiquetado (direcciones postales). •

Aparte de que los edianos sean "algo" especiales, es completamente lógico y natural que en cualquier colonización surja una estructura jerárquica etiquetada[1]. Lo que ya no es tan natural es que la jerarquía espacial resulte regular y uniforme, pues sólo unos colonizadores muy peculiares pueden lograr esto. En efecto, cuando el etiquetado implícito se desarrolla en condiciones normales, lo habitual es que el número de niveles jerárquicos dependa de lo poblado que esté un territorio *(jerarquización adaptativa)*. Así, para etiquetar un lugar deshabitado, sobra con uno o dos niveles jerárquicos. En cambio, localizar a las personas en las ciudades requiere, normalmente, entre siete y diez niveles.

Desgloses escalares

Después de realizar el etiquetado <*indexación escalar*> explícito o implícito de los EDE locales, llega el momento de sacar rendimiento matemático al EDE-1D. Los *desgloses escalares etiquetados* son un concepto clave para logar este propósito.

Como las escalas de orden 10 no son apropiadas para mostrar de forma gráfica los desgloses (Figura 2), lo habitual será utilizar escalas de menor orden y, aun así, rara vez conseguiremos representar más de tres o cuatro niveles, pues el número de puntos-1D crece exponencialmente en cada nivel. No obstante, esos pocos niveles escalares serán suficientes para comprender los conceptos que vamos a definir.

Definición de conceptos básicos

Llamaremos **perpendicular escalar**, a la *recta virtual* (pág. 37) trazada de manera ortogonal a través de los puntos-nD ubicados en los EDE locales del desglose escalar de un EDE-nD.

---

[1] Tenemos todo el planeta jerarquizado de modo similar, aunque el tamaño de los territorios es muy irregular en nuestro caso, y las etiquetas mucho más variadas.

CAPÍTULO TRES

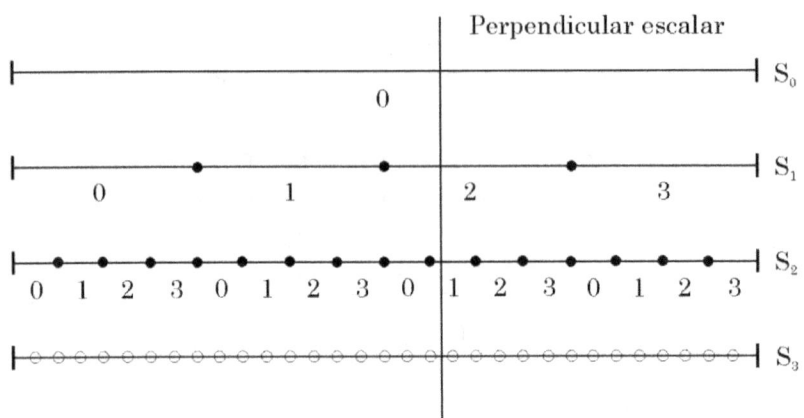

Figura 3: Perpendicular escalar en un desglose con escala de orden 4

En el desglose escalar del EDE-1D con escala de orden 4 (Figura 3) vemos que, comenzando en la *raíz*, la *perpendicular escalar* cruza una cantidad indefinida de EDEs locales de forma sucesiva, pues se trata de un EDE-1D internamente abierto.

Las perpendiculares escalares atraviesan un único punto-1D en cada EDE local, por lo que es posible registrar su trayectoria escalar escribiendo la **etiqueta base** <*indexador base*>[1] de cada punto-1D cruzado. Así, comenzando en la raíz de la escala, y anotando las etiquetas base de izquierda a derecha (que es lo habitual), en el ejemplo anterior la primera es la '0' (en S_0), luego la '2' en S_1, en S_2 la '1' y en S_3 (que no se ve) supondremos que es la '1', etc. En definitiva, hasta el nivel S_3, la perpendicular queda representada por la *secuencia de etiquetas base* "0211", que habitualmente llamaremos **etiqueta escalar** <*secuencia de indexación*>, que irá siempre encerrada entre comillas dobles[2]. En el ejemplo, la perpendicular escalar proporciona las etiquetas escalares "0", "02", "021" y "0211". Cada una de ellas identifica,

---

[1] Las *etiquetas base* identifican los puntos-1D del *patrón escalar*. El término "indexador" no es habitual en la aritmética, pero conviene diferenciar este concepto (indexador base), de otra noción diferente, llamada "índice base", que pronto veremos.

[2] El uso de comillas dobles (o simples) es un hábito heredado de los lenguajes de programación, donde las cadenas de caracteres quedan expresadas normalmente de este modo. Esta terminología refuerza el hecho de que las *etiquetas*, ya sean globales o locales, *no son números*.

– 44 –

de forma inequívoca, al punto-1D atravesado por la perpendicular en cada EDE local del desglose escalar.

Por otro lado, una etiqueta base cualquiera '*a*' establece un **valor base**, indicado por [*'a'*], que es igual al total de puntos-1D íntegros que hay desde el origen del *patrón escalar* (capítulo 2, pág. 29), hasta el punto-1D etiquetado con '*a*', exclusive. Al resultado de adjudicar el *valor base* a la etiqueta base '*a*' ('*a*' ← [*'a'*]) lo llamaremos **índice base**, y quedará indicado por a, es decir, $a \equiv$ ('*a*' ← [*'a'*]). Los valores que toma un *índice base* pertenecen al intervalo [0, b – 1], siendo b la *base del sistema de numeración*[1] u orden de la escala, pues en el EDE-1D coinciden ambos conceptos.

De modo similar, una *etiqueta escalar* cualquiera "*c*" determina un **valor numérico**, indicado por ["*c*"], que es igual al *total de puntos*-1D *íntegros que hay desde el origen del EDE local, hasta el punto*-1D *etiquetado con* "*c*", *exclusive*. Si no hubiera puntos-1D íntegros entre el origen del EDE local y "*c*", entonces el *valor numérico* sería **nulo**, representado asimismo como ["0"][2]. En la Figura 3, sólo es *nulo* el valor numérico en S_0, pues no hay puntos-1D íntegros. En cambio, entre el origen del EDE local y las etiquetas escalares ("02" en S_1 y "021" en S_2), los puntos-1D íntegros son dos, en el primer caso, y nueve en el segundo. ¿Qué interés matemático tiene definir el concepto de *valor numérico* de este modo?

La asignación del valor numérico a las etiquetas escalares, que en este caso queda indicada por "*c*" ← ["*c*"], probablemente es el hecho más relevante de toda la MDI, pues da lugar al nacimiento de los números. La etiqueta "*c*", con su valor numérico asociado, queda representada por c, es decir, $c \equiv$ ("*c*"← ["*c*"]). El valor numérico de c varía en el rango [0, b^k – 1], siendo b el orden de la escala y k el *índice descen-*

---

[1] Es obvio que la *base del sistema de numeración (b)*, y la *base de un EDE local (b^k)* (pág. 39) coinciden cuando $k = 1$.

[2] En la MDI el *nulo* es un valor numérico, por la simple razón de que también requiere información (y medios) para quedar registrado. Por tanto, afirmar que 0 carece de valor numérico sería incorrecto, pues posee el valor nulo. Sin embargo, en la práctica, "sin valor numérico" y "valor nulo" son aceptados como sinónimos.

dente (S$_k$) en el desglose escalar, que corresponde al EDE local donde se encuentra el punto-1D etiquetado por *"c"*.

Asignar valores numéricos a las etiquetas da paso a otros conceptos básicos. Así, un **índice escalar** es una *secuencia de indexación con un valor numérico asignado.* Por lo tanto, en el párrafo anterior, *c* es un *índice escalar.* Además, llamaremos **cifra** o **dígito**, a cada *índice base* de un índice escalar, con su *valor base* ponderado, según sea el nivel escalar donde se encuentre. En efecto, si *q* es cualquier *índice base* del *índice escalar,* el valor numérico que tiene el *dígito q* es qb^j, siendo *j* el *índice ascendente (N$_j$)* del EDE local donde está el punto-1D etiquetado por *'q'*, y *b* el orden de la escala[1]. En resumen,

indexador base + valor base → índice base
secuencia de indexación + valor numérico → índice escalar
(índice base)$_j$ · b^j → (cifra o dígito)$_j$

Además, cuando las etiquetas sean distintas, pero tengan el mismo valor numérico asociado, diremos que son **índices escalares equivalentes**. Así, p. ej., los índices escalares 012, 0012 y 00012 son todos diferentes, pero tienen el mismo valor numérico, luego son *equivalentes.* ¿Cómo se calcula el valor numérico de un índice escalar? Pues sumando los valores numéricos asociados a sus cifras.

Si *"0ab...cd"* es la *etiqueta escalar* de un punto-1D ubicado en el EDE local del nivel escalar S$_k$, y siendo *r* el orden de la escala, el *valor numérico* asociado a dicha etiqueta se calcula fácilmente en S$_k$, gracias a la regularidad y uniformidad de la escala, mediante la *serie de homogeneización escalar*[2]

$$[\text{"}0ab...cd\text{"}] = 0r^k + ar^{k-1} + br^{k-2} + \cdots + cr^1 + dr^0, \qquad \textbf{E. 1}$$

también llamada *expresión* o **serie de adaptación escalar**, para evitar la "palabreja". Como *r* = 4 (Figura 3), los valores numéricos (verificables visualmente) de las etiquetas son[3]

---

[1] Gracias al contexto, no es posible confundir los conceptos de *índice base* y *dígito,* luego no hay problemas si comparten el mismo símbolo.

[2] Los valores numéricos de la secuencia en los distintos niveles escalares quedan homogeneizados en S$_k$.

[3] El desglose escalar del EDE-1D y el trazado de la perpendicular escalar a través de los EDE locales, se pueden considerar como la representación gráfica de la expresión **E. 1**.

["0"] = 0 · 4^0;   ["02"] = 0 · 4^1 + 2 ·4^0;   ["021"] = 0 · 4^2 + 2 ·4^1+ 1 ·4^0

Con respecto a **E. 1**, diremos que una *cifra aporta valor numérico* (**aportación numérica**) si su presencia o ausencia en la etiqueta escalar supone *una variación en el cálculo final del valor numérico*. Como sabemos, todas las *cifras* aportan valor numérico, excepto las conocidas como *ceros a la izquierda*.

La cuestión ahora es ¿por qué podría interesar a los observadores conocer el valor numérico de los índices escalares? Hace muchos siglos que nuestros antepasados encontraron la respuesta, siguiendo otros derroteros. En nuestro caso, si cada punto-1D etiquetado de un EDE local se empareja con una manzana, tuerca, lápiz, etc., o sea, si se realiza una correspondencia biunívoca (más conocida como *proceso de contar*), entonces no necesitaremos *marcas de conteo*[1] o muescas en hueso o madera, etc., para registrar la cantidad de elementos que hay, pues las propias etiquetas de los puntos-1D cumplen esta función y, además, proporcionan a los observadores experimentados una idea de dicha cantidad (valor numérico). De aquí el origen y el éxito de los *sistemas de numeración posicional*. Además, el valor numérico proporciona directamente la *longitud* (cantidad de puntos-1D) y/o la *distancia* (cantidad de avances), desde el origen de un EDE local hasta un punto-1D dado. Por tanto, el valor numérico y los números son miel sobre hojuelas para la métrica euclidiana en la MDI.

Hasta el momento hemos mantenido dos terminologías paralelas (una más intuitiva que la otra) para expresar los mismos conceptos aritméticos. A partir de ahora, utilizaremos exclusivamente la más habitual en aritmética. Así, *indexadores locales* y *secuencias de indexación* serán los términos usados (a nivel local y global, respectivamente) para designar a las etiquetas con aspecto de números entrecomillados[2], pero *carentes de valor numérico asociado*. En cambio, si disponen de valor numérico, hablaremos de *índices base*, de *cifras* (o *dígitos*) y de *índices escalares*.

---

[1] En adelante, llamaremos *palotes* a las *marcas de conteo*.

[2] Lo cierto es que, a pesar de los buenos propósitos, seguiremos utilizando el término "etiqueta" en algunas ocasiones.

CAPÍTULO TRES

Los números naturales

Un **número natural** en la MDI es un *índice escalar*, en el que *sólo se consideran las cifras que aportan valor numérico*. Como la presencia o ausencia de los "ceros a la izquierda" deja invariable el valor de los índices escalares, los *números naturales* son el resultado de eliminar dichos ceros. Ninguna otra cifra se puede eliminar, sin que varíe el valor de los índices escalares. ¿Es el 0 un número natural?

Según vimos arriba, la secuencia de indexación "0", que proporciona la perpendicular escalar en S_0, tiene asignado el valor numérico nulo ("0" ← ["0"]). Por consiguiente, el índice escalar 0 *también es un número natural* en la MDI, que obviamente no se puede eliminar, pues no está a la izquierda de sí mismo.

En el ejemplo de arriba, los *índices escalares equivalentes* 012, 0012 y 00012 se transforman en el *número natural* 12. De igual modo, el número natural que corresponde a los índices escalares 000, 00 y 0, es el 0. En general, puede afirmarse que,

- o todos los índices escalares equivalentes *quedan representados por* (o se transforman en) *el mismo número natural*. Dicho de otro modo,
- o cada valor numérico diferente, incluido el nulo, *está representado por un único número natural*.

Eliminando los ceros a la izquierda en los índices escalares se pierde la *indexación global*, es decir, se desconoce la ubicación escalar (S_i) de los puntos-1D, pero se conserva su *indexación local*, claro está, en el EDE local. Por esta razón, en múltiples ocasiones, *también llamaremos* **índices locales** (o *naturales*) a los números naturales *cuando su papel sea el de indexar EDEs locales, matrices*, etc.

Como la definición de los números naturales en la MDI dista mucho del método axiomático que utiliza la MC, conviene meditar sobre ciertas cuestiones, que rayan lo filosófico.

En la MDI, los EDE-nD *se encargan de proporcionar a los observadores el concepto de número y los sistemas de numeración*, una vez etiquetados. Siendo así, ¿requieren mayor justificación los números en la MDI? La respuesta es *no*. Al trabajar con espacios finitos de puntos-nD, *los números naturales quedan establecidos por diseño y construcción*, con el etiquetado escalar de los puntos-1D de los EDE loca-

– 48 –

les[1], y la asignación de un valor numérico a cada etiqueta, que está avalado por la cantidad de puntos-1D que hay desde el origen del EDE local, hasta el punto etiquetado[2]. En conclusión, mientras haya observadores capaces de diseñar y etiquetar EDEs-nD con escalas regulares y uniformes[3], la existencia de los números naturales está justificada.

---

[1] Los EDE-nD, con $n > 1$, también tienen sus propios números y sistemas de numeración.

[2] Comparando el valor numérico asociado a las *secuencias de indexación*, con el valor del dinero de antaño (cuando no era fiduciario), el conjunto de puntos-1D que avala el valor numérico de un *índice escalar*, viene a ser como la cantidad de oro o plata que garantizaba el valor del dinero.

[3] Falta por analizar cómo son los *índices escalares* y los números que surgen en otros tipos de escalas.

4 El segmento escalar discreto

El infinito discreto

En la MDI, a los *observadores internos les toma su tiempo recorrer* el EDE-nD que habitan. Esto significa que, tanto la **navegación espacial** *(el avance o retroceso por un EDE local dado)* como la *navegación escalar* (capítulo 2, pág. 31), son *procesos* que dependen del *tiempo*[1], igual que sucede con los demás procesos.

Por otro lado, no hay razones teóricas que aconsejen la existencia de un *límite inferior* en la *navegación escalar* y, por este motivo, supondremos habitualmente que la escala de los EDE-nD es *internamente abierta*. En otras palabras, los *observadores internos virtuales* y/o **procedimientos** [*matemáticos*] **discretos** *(operaciones, procesos, algoritmos, etc., donde el concepto de tiempo es inherente a ellos)*, en teoría podrían descender continuamente por la escala, sin llegar a encontrar un *EDE local terminal*. Además, como los EDE locales son siempre *cerrados,* por muchos niveles que se descienda, la cantidad de puntos-nD del EDE local en S_k es igual a b^k, siendo b el orden de la escala[2]. Puesto que se trata de *cantidades finitas,* todos los puntos-nD de un EDE local son, por definición (y sentido común), *teóricamente accesibles* para los observadores internos y procedimientos discretos. Como vemos, los criterios anteriores sintonizan con la *opción de implantación D* (capítulo 1, pág. 23).

Tenemos entonces que, en principio, la cantidad de niveles escalares es *inagotable,* y el *acceso teórico* a los puntos-nD posible. Sin embargo, el *tiempo* de los procedimientos discretos y observadores internos es *finito,* lo que implica que para ellos *existe un límite temporal en*

---

[1] La definición de la *recta numérica* no requiere la idea de "tiempo", pero este es un concepto clave en la MDI.

[2] Recordemos que b^k es la base del EDE local en S_k y, si $k = 1$, entonces b es la *base del patrón escalar,* o sea, el EDE local en S_1; además, también es la *base del sistema de numeración* en los EDE-1D.

la navegación escalar y espacial, es decir, tienen un tiempo limitado para realizar sus tareas. Para reflejar este hecho, en la MDI reservaremos los términos **ilimitado** e **interminable**[1]. En adelante, estas palabras tendrán el significado de *inaccesible* o *inalcanzable, debido a la acotación temporal de los procedimientos y observadores internos.* Así, aunque los b^k puntos-nD de un EDE local continúen siendo *teóricamente accesibles,* para los observadores y procedimientos podría ser una **cantidad ilimitada**[2]. Otro tanto puede suceder en la navegación escalar, independientemente de que la escala sea internamente abierta o cerrada.

En definitiva, afirmar que el número de niveles escalares del EDE-nD es *ilimitado,* significa que la *navegación escalar* será inexorablemente interrumpida en el nivel S_k, cualquiera que sea éste, justo antes alcanzar el nivel S_{k+1}, que también es *teóricamente accesible*[3]. De igual modo, decir que el número de puntos-nD de un EDE local es *ilimitado,* implica que la *navegación espacial* finalizará antes de alcanzar el límite teórico. En ambos casos, los niveles escalares y puntos-nD disponen de *accesibilidad teórica,* pero son inaccesibles en la práctica (**empíricamente inaccesibles**) debido al tiempo limitado de los observadores y procedimientos.

Según lo anterior, los niveles escalares, EDE locales y puntos-nD que sean *teóricamente accesibles* y *empíricamente inaccesibles,* diremos que se encuentran ubicados en el **infinito discreto** que, por lo común, queda indicado por el símbolo ∞ y, ocasionalmente, por $\mathbf{D}\infty$. La escala de grises en el *diagrama* del **segmento** [*escalar*] **discreto** (Figura 1), ayuda a comprender la accesibilidad de los EDE locales, puntos-1D y niveles escalares.

---

[1] Por lo general, el primero *(ilimitado)* tendrá preferencia en el ámbito espacial, y el segundo *(interminable)* será más usual en el contexto temporal, aunque esta norma no se sigue estrictamente.

[2] Los granos que hay en mil toneladas de arena sería para nosotros una *cantidad ilimitada* si hubiera que contarlos uno a uno. No es preciso que las cantidades sean enormes, pues la idea de "ilimitado" también depende del tiempo disponible. Así, para una persona normal, diez sería una cantidad ilimitada si tuviera que beber diez litros de agua en una hora.

[3] Podría ser la definición matemática del "colmo de la mala suerte".

El segmento escalar discreto

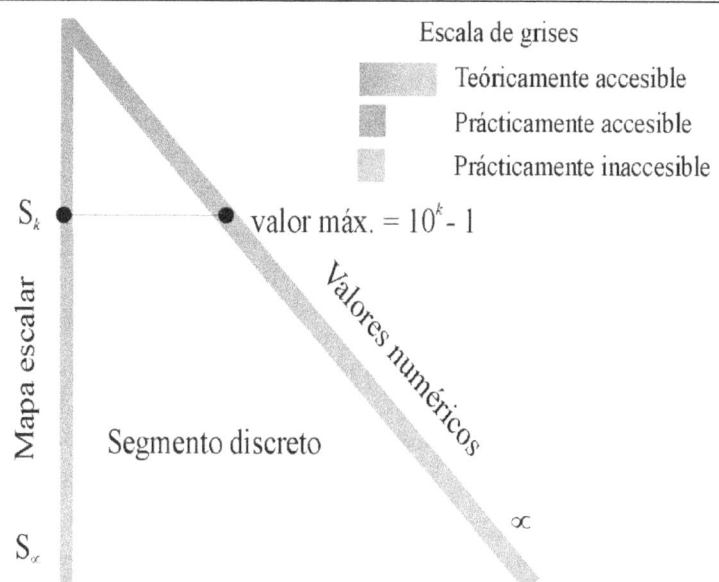

Figura 1: Diagrama del segmento escalar discreto en la MDI

En conclusión, si hay una palabra que sea inseparable del concepto de *ilimitado* (o *interminable*) es la de *"tendencia"* hacia el *infinito discreto*, sin alcanzarlo nunca[1], lo que confiere a estos términos un *carácter dinámico* o *temporal*.

Operaciones en el segmento discreto

Como vimos en el capítulo anterior, una *secuencia de indexación "c"* tiene asociado un *valor numérico*, que viene dado (o está avalado) por el total de puntos-1D que hay desde el origen del EDE local, hasta el punto-1D indexado, exclusive. Estos puntos-1D, aparte de dar valor numérico a los *índices escalares* y *números naturales*, forman segmentos lineales.

Para nuestros propósitos inmediatos resulta más cómodo trabajar con conceptos geométricos[2] que hacerlo en términos de la teoría de

---

[1] En la MC aparece un concepto similar, conocido como "tendencia asintótica", que viene a significar un acercamiento progresivo hacia algo (una recta, normalmente) sin alcanzarlo nunca, salvo en el infinito.

[2] En la MC se ven como *elementos geométricos,* pero en la MDI son *módulos cartesianos.*

conjuntos[1]. Por tanto, si llamamos **vértice** [*externo*] al punto-1D indexado por "*c*", el segmento de puntos-1D que comienza en el origen del EDE local y finaliza en el *vértice (no incluido)* es el **módulo** [*cartesiano*] **base**, siendo el *valor numérico* ["*c*"] su *longitud* (Figura 2).

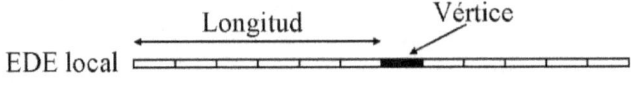

Figura 2: Módulo base en un EDE local

En este contexto, para los observadores y/o procedimientos discretos, *calcular con números* consiste en *modificar las longitudes de los módulos base* [de forma controlada], *trabajando únicamente con la etiqueta de los vértices y su valor asociado*[2]. En otros términos, el cálculo con números es la habilidad que tenemos los observadores para variar [a voluntad] la longitud *(valor numérico)* de los *módulos base*, utilizando solamente los *índices escalares* o los *números naturales* asociados a los vértices. El cálculo con números supone una gran ventaja para los observadores, pues no requiere el uso de palotes, guijarros, muescas, puntos-1D, etc., para averiguar las cantidades resultantes del cálculo[3]. ¿Cómo se las apañan los observadores para cambiar el valor numérico (longitud) de los módulos base mediante números?

La **variación** de un *módulo base* supone *modificar su longitud* añadiendo o quitando puntos-1D *a partir del vértice*. Diremos que se trata de una *variación* **aditiva**, **substractiva** o **nula** si aumenta, disminuye o no varía la *longitud del módulo base*, respectivamente.

---

¹ Quizás algunos opinen que si se define el cálculo aritmético mediante el uso de segmentos estaremos retrocediendo a la matemática de la Grecia antigua. No obstante, ahora se trabaja con EDEs-nD, lo que marca una diferencia fundamental con respecto a la idea que tenían los antiguos griegos sobre las operaciones aritméticas con segmentos.

² En realidad, se trabaja sólo con las etiquetas, pues los procesos discretos, p. ej., no perciben el valor asociado.

³ En términos generales, el uso de los números supuso la desaparición de las antiguas técnicas de cálculo, salvo contar con los dedos y, de forma testimonial, el ábaco.

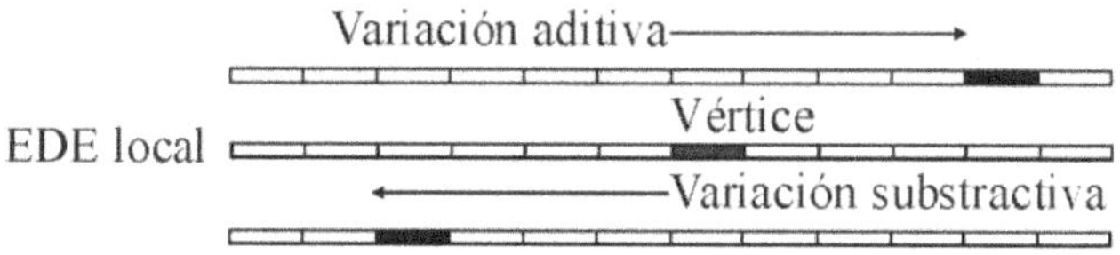

El segmento escalar discreto

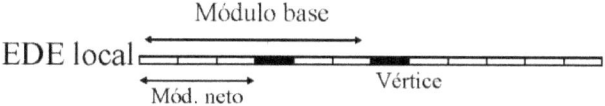

Figura 3: Variaciones en un módulo base

Las variaciones de los módulos base se realizan definiendo el **módulo neto** en el mismo EDE local, con una longitud igual a la cantidad de puntos-1D que se añaden o quitan del *módulo base* en una *variación*.

Figura 4: Módulo base y módulo neto en una variación

Entonces, siendo a y δa los *índices*[1] de los *vértices* del *módulo base* A y del *módulo neto* ΔA, respectivamente, el *cálculo con números* (o **cálculo aritmético**) consiste en averiguar el nuevo índice del vértice del módulo base A, sólo a partir de a y δa, cuando se efectúa una *variación* en A, de δa puntos-1D[2].

Los procedimientos discretos más básicos del cálculo con números que trabajan con a y δa se conocen como **operaciones aritméticas**, siendo la *suma la operación* [*aritmética*] *que efectúa una variación aditiva*, representada por el *operador aritmético* '+' (que viene de la 't' en la palabra latina *et*), y la *resta*, indicada por el operador '−', la operación que *realiza una variación substractiva* en el módulo base[3].

El hecho de que el cálculo con números transcurra en un EDE local implica la **homogeneidad escalar** *de los operandos y del resultado*, es decir, no es posible (ni tendría sentido) operar con módulos de puntos-1D definidos en niveles escalares diferentes. En definitiva,

---

[1] Según lo indicado, pueden ser índices escalares o números naturales.

[2] También es posible definir el cálculo con números en EDEs-nD de dimensión mayor. Por descontado, los valores numéricos de los resultados coinciden con los obtenidos en 1D.

[3] En la MDI, el producto y la división se consideran *procesos aritméticos*, y se encuentran jerárquicamente por encima de las *operaciones*.

CAPÍTULO CUATRO

todos los operandos y resultados están referenciados en un mismo EDE local[1].

Índices escalares extremos

Para definir de modo general las operaciones aritméticas, primero hay que analizar qué sucede con las variaciones aditivas y/o substractivas que sobrepasan los extremos del EDE local. En tales casos, los resultados de las variaciones dependen del tipo de escala *(local o global)* donde se trabaje. Por esta razón, algunos *índices escalares,* que aparentemente son iguales, tendrán un nombre y/o un formato distinto, en función del tipo de escala.

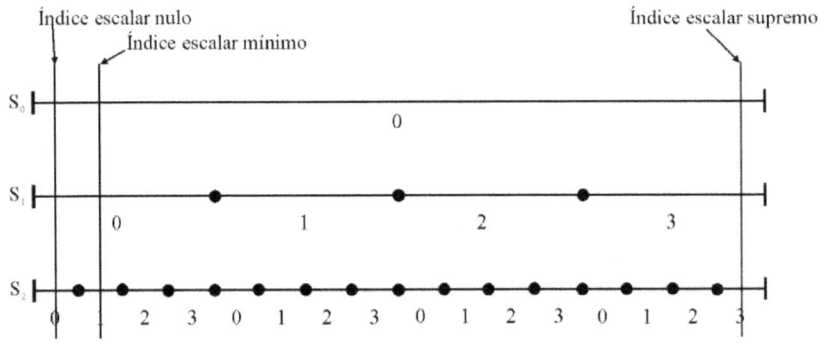

Figura 5: Índices escalares extremos

Comenzando por la *escala global*, el extremo izquierdo (*origen* de los EDE locales) está indexado por el **índice escalar nulo**, cuyo formato es 00...0. Su valor numérico es *nulo*, al no haber puntos-1D íntegros en ninguno de los EDE locales cruzados por la perpendicular escalar (Figura 5).

Indexando el otro extremo de los EDE locales se encuentra el **índice escalar supremo**, cuyo formato general es $0(b-1)...(b-1)$, donde b es el orden de la escala. Así, en base decimal $(b = 10)$, el formato del *índice escalar supremo* es 09...9. En un nivel escalar dado S_k, el valor numérico del *índice escalar supremo* es, en términos absolutos, el *máximo posible* (**valor supremo**), igual a $b^k - 1$.

---

[1] Más adelante ampliaremos y matizaremos este concepto.

Variación mínima

Otro índice escalar importante en la MDI es el que indexa el vértice del *módulo neto mínimo*, es decir, aquel que realiza una **variación mínima (vm)** del *módulo base*. Aunque es evidente que no es un *índice escalar extremo*, es el primer *índice escalar no nulo*. Por tanto, en adelante lo llamaremos **índice escalar** [*extremo*] **mínimo**. Su formato en la escala global será 00...01. Veamos ahora los mismos conceptos en las *escalas locales*.

Índices complementarios a la base

Los *índices escalares extremos* también tienen valores máximos o mínimos en las *escalas locales,* pero en cualquier caso, *siempre relativos a ellas*. El estudio de estos índices lo realizaremos formando parejas, de modo que sean *complementarios a la base*. La idea de *"índices complementarios a la base"* sólo es viable en las escalas locales, pues este concepto no "tiene cabida" (literalmente hablando) en la *escala global*, ya que $b^k > (b^k - 1)$, es decir, *el valor numérico de la base desborda su capacidad máxima* (valor supremo).

Según lo anterior, dados los índices locales o escalares v y **CB-v**, que indexan puntos-1D de un EDE local definido en S_k, se dice que son *complementarios a la base* si se cumple que $v +$ CB-$v = b^k$. CB-v se conoce como **complemento a la base** de v. Por ejemplo, siendo $b = 10$, $k = 4$ y $v = 00012$ se tiene que CB-$v = 10^4 - 00012 = 09988$. La base b^k es de *naturaleza global,* es decir, pertenece a la escala global, pues no encaja en la escala local.

Atendiendo a estas definiciones, el **índice escalar máximo** $(0'9...9)_{10}$ es el complemento a la base del *índice escalar mínimo* o *variación mínima* $(0'0...01)$ y, por este motivo, se le conoce como *complemento a la base* de 1 (**CB-1**). Su valor numérico es un *máximo relativo*, en un nivel dado (S_k) de la escala local.

La representación o formato de los índices escalares en las escalas locales difiere un poco de su homólogo en la escala global, pues con-

CAPÍTULO CUATRO

viene indicar de algún modo que la *raíz es local,* lo que se hace habitualmente mediante la inserción de una comilla[1].

Índice escalar v	CB-v
Índice esc. nulo (0'0...0.)	No existe[2]
Índice esc. mínimo *(vm)* (0'0...01.)	Índice esc. máximo (0'9...9.)
Índice esc. máximo (CB-1) (0'9...9.)	Índice esc. mínimo (0'0...01.)

Tabla 1: Índices escalares extremos complementarios a la base

Por último, para localizar la ubicación de la raíz de la escala local (punto-1D) en la escala global se utiliza el **valor de referencia** r, con $r \geq 0$[3]. En consecuencia, r puede ser un índice escalar, pero lo más frecuente es que sea un *índice local,* es decir, un número natural (pág. 48). Conociendo r, fácilmente se averigua el *valor numérico global* de los índices escalares de la escala local.

Aritmética con índices escalares extremos

Veamos qué sucede cuando se realiza una *variación mínima* sobre módulos base de longitud nula (indexados por el *índice escalar nulo),* y luego haremos otro tanto con los módulos base de longitud máxima, indexados por el *índice escalar supremo* en las escalas globales, y por el CB-1 en las locales. Para ello, acortaremos un poco la terminología.

Escala global **Escalas locales**
IN: Índice escalar nulo   IN: Índice escalar nulo
IM: Índice escalar mínimo   IM: Índice escalar mínimo
IS: Índice escalar supremo   IX: Índice escalar máximo o CB-1

- **En la escala global**

Como la escala global es *externamente cerrada,* las variaciones aditivas que se llevan a término en un EDE local sobre *módulos* de longitud nula y máxima proporcionan los *índices escalares* que vemos en la tabla que se muestra a continuación:

---

[1] Usaremos la comilla sólo cuando queramos indicar explícitamente que se trata de una escala local. En muchas ocasiones este dato será irrelevante, por lo que no estará la comilla.

[2] Recuerden que $b^k - 1$ es el valor máximo en el EDE local que hay en S_k.

[3] Con fines teóricos, normalmente $r = 0$.

El segmento escalar discreto

	+	*IN*	*IM*	*IS*
Sum. 1	*IN*	*IN*	*IM*	*IS*
	IM	*IM*	*IM* + *IM*	*IN*
	IS	*IS*	*IN*	*IS* – *IM*

Sumando 2 (encabezado superior)

Tabla 2: Suma de índices escalares extremos en la escala global

Dado que el *índice escalar nulo* es neutro con respecto a la adición, veamos numéricamente cómo suman los índices extremos cuando el *IN* no está presente.

$$IM + IM \quad 00...01 + 00...01 = 00...02$$
$$IS + IM \quad 09...9 + 00...01 = 00...0$$
$$IS + IS \quad 09...9 + 09...9 = 09...98$$

En la escala global, la variación mínima que sobrepasa el extremo superior del EDE local *acaba en el origen*. Esto es debido a que el EDE-1D *global* es teóricamente *cíclico*[1] y, por lo tanto, con un comportamiento aritmético claramente *modular*, como si se tratase de un reloj, con *IS* = 23:59:59 e *IM* = 00:00:01.

	–	*IN*	*IM*	*IS*
Minuendo	*IN*	*IN*	*IS*	*IM*
	IM	*IM*	*IN*	*IM* + *IM*
	IS	*IS*	*IS* – *IM*	*IN*

Sustraendo (encabezado superior)

Tabla 3: Resta de índices escalares extremos en la escala global

Continuando en la escala global del EDE-1D, las variaciones substractivas quedan definidas de modo similar, según muestra la tabla de arriba.

---

[1] Esta es una cuestión que concierne a la *arquitectura* de los EDE-*n*D que, según lo acordado, no trataremos en este libro (pág. 18). No obstante, conviene mencionar que los EDE-*n*D pueden tener curvatura, claro está, *sin perder la métrica euclidiana,* a diferencia de lo que sucede en los espacios euclídeos tradicionales. Así, cualquiera que sea la curvatura de los EDEs-*n*D, *la métrica para los observadores internos es siempre la de un universo plano.* Según esto, es obvio que en la MDI el concepto de "universo plano" no guarda relación con el hecho de que las rectas paralelas se crucen o no, sino con *la invariancia de distancias y longitudes ante la curvatura.*

CAPÍTULO CUATRO

- **En la escala local**

Por lo comentado arriba, no se puede ubicar la base en las escalas locales, pero en éstas, a diferencia de lo que sucede en la escala global, es posible pasar a las escalas adyacentes, lo que implica incrementar o disminuir el *valor de referencia r*. Por consiguiente, en las escalas locales la aritmética es *acumulativa* (en vez de modular), un hecho que queda reflejado de algún modo en las variaciones y, por ende, en la definición de las operaciones de suma y resta.

Como "llegar a la base" supone pasar a la escala local adyacente, cuando suceda esto por la izquierda escribiremos *(IX)⁻*, y *(IN)⁺* si es por la derecha, para indicar que se ha de restar o sumar 1 a *r*, respectivamente. Aplicando esta convención, el comportamiento aritmético de los *índices escalares extremos* en las escalas locales se puede ver en la Tabla 4.

		Sumando 2		
Sum. 1	+	IN	IM	IX
	IN	IN	IM	IX
	IM	IM	IM + IM	(IN)⁺
	IX	IX	(IN)⁺	(IX − IM)⁺

Tabla 4: Suma de índices escalares extremos en las escalas locales

Comparando estos resultados con los de la Tabla 2, los índices escalares son los mismos, pero en versión local, por lo que no resulta extraño que ocurra otro tanto con la diferencia. Así,

		Sustraendo		
Minuendo	−	IN	IM	IX
	IN	IN	(IX)⁻	(IM)⁻
	IM	IM	IN	(IM + IM)⁻
	IX	IX	IX − IM	IN

Tabla 5: Resta de índices escalares extremos en las escalas locales

Veamos algunos ejemplos numéricos, donde varía el valor de referencia de la raíz.

$$IX + IM = (IN)^+ \quad 0'9...9 + 0'0...01 = \overline{(r+1)} + 0'0...0$$
$$IN - IM = (IX)^- \quad 0'0...0 - 0'0...01 = \overline{(r-1)} + 0'9...9$$
$$IM - IX = (IM + IM)^- \quad 0'0...01 - 0'9...9 = \overline{(r-1)} + 0'0...02$$

$\overline{(r \pm 1) + 0}$ indica que ambas cifras están definidas en el mismo nivel escalar (el de la raíz local). Así, en $\overline{(r-1) + 0}$'9...9, si $r = 5$, quedaría 4'9...9[1]. Recordemos que se preserva la *homogeneidad escalar* al operar aritméticamente. •

A partir del comportamiento aritmético de los índices escalares extremos es sencillo inferir las normas generales que definen la conducta de las variaciones arbitrarias con *módulos netos*. En otras palabras, la definición de las operaciones aritméticas generales de *suma* y *resta* es sencilla aplicando las normas mostradas en las tablas anteriores, pero no la veremos aquí, por no ser una cuestión primordial para los objetivos del libro[2].

Los conjuntos en la MDI

El concepto de *conjunto finito* en la MDI coincide con el que define y maneja la MC, o sea, *una colección limitada y constante de elementos*.

Por otro lado, el único tipo de *infinito* disponible en la MDI es el *infinito discreto* y, en consecuencia, la idea de *conjunto infinito* que proporciona la MC, cuando define, p. ej., los números reales, discrepa de la noción que hallamos en la MDI. Veamos las diferencias conceptuales de los conjuntos infinitos en ambas matemáticas.

Conjuntos infinitos en la MDI

Un concepto ampliamente utilizado en la MC es el de *conjunto infinito*, es decir, aquellos conjuntos que tienen un número infinito de elementos, lo que normalmente se suele indicar diciendo que poseen un *cardinal* infinito. Ahora bien, decir que un conjunto A es infinito porque su cardinal es infinito, es poco más que no decir nada. Hace falta una definición concreta, que establezca de forma clara y concisa cuándo un conjunto es infinito y cuándo no.

Cantor encontró una manera elegante y sencilla de definir los conjuntos infinitos. Formalidades aparte, estableció que un conjunto A

---

[1] Tengan presente que no es una "coma decimal". Esta es otra cuestión muy diferente, que trataremos en el próximo capítulo.

[2] De hecho, tampoco aparece en el libro de referencia, luego esta es una cuestión pendiente de formalizar.

será infinito, si posee un subconjunto B distinto de A (o sea, B ha de ser un subconjunto *propio* de A), de forma que sea posible establecer una correspondencia uno a uno (biyección) entre los elementos de A y B. Donde mejor se aprecia el significado de esta definición es en el conjunto de los *números naturales* ($\mathbb{N}$), ya que, por ejemplo, se puede hacer corresponder los elementos de $\mathbb{N}$, con los elementos del subconjunto de los números pares ($\mathbb{P}$). En otras palabras, desde el punto de vista de los conjuntos infinitos hay tantos números naturales como números pares, o sea, $\mathbb{N}$ y $\mathbb{P}$ tienen el mismo cardinal.

Otra característica importante de los conjuntos infinitos en la MC es su *carácter estático o atemporal,* pues en ellos hay *infinitos elementos accesibles*, desde el mismo momento que se definen o establecen. Esta instantaneidad en la accesibilidad a los elementos de los conjuntos infinitos *requiere que los razonamientos y procedimientos matemáticos sean atemporales.* De lo contrario, algo tan simple como buscar e identificar los elementos de un conjunto infinito sería imposible. Veamos un ejemplo.

Supongamos que en la cinta de una *máquina de Turing* (MT)[1] están registradas las infinitas cifras de $\sqrt{2}$[2]. Además, en otra MT conectada a la anterior se implanta un proceso que genera la expansión decimal de $\sqrt{2}$, dígito a dígito. Pues bien, por muchas cifras que proporcione esta segunda máquina, nunca se podría averiguar si es $\sqrt{2}$ el número registrado en la primera MT, ya que por cada nueva cifra generada por la segunda MT, aún quedarían infinitas cifras por verificar en la primera.

En definitiva, los conjuntos infinitos necesitan procedimientos y métodos deductivos acordes con los conceptos que se manejan. Dichos métodos requieren, por lo común, *la definición y utilización de argu-*

---

[1] Para aquellos que no estén familiarizados con estas máquinas, una MT viene a ser como un *ordenador conceptual,* de diseño y funcionamiento muy simple. A pesar de su sencillez, no es posible construirlo físicamente, pues el soporte donde registra la información es una cinta de longitud infinita.

[2] Generar y/o registrar las infinitas cifras de un índice escalar es el típico *proceso atemporal*, pues no sería suficiente todo el tiempo del Universo para lograr tal proeza.

El segmento escalar discreto

mentos y razonamientos atemporales[1]. Por tanto, los procedimientos discretos (pág. 51), donde *el tiempo es inherente a ellos,* no son aptos como métodos de análisis y deducción con los conjuntos infinitos.

Los conjuntos infinitos de la MC ¿son viables en la MDI? Está claro que la definición de Cantor implica aceptar el principio de que *el todo no es mayor que las partes* en el infinito, un principio totalmente incompatible con la MDI, pues al estudiar las escalas espaciales (capítulo 2) hemos visto que, por construcción, la alineación y pegado de todos los puntos-nD de un *EDE local* cualquiera proporciona un espacio de tamaño constante y, si faltan puntos-nD, entones *el espacio resultante será necesariamente menor*[2]. Por lo tanto, el carácter dimensional (discreto) de los puntos-nD hace totalmente surrealista pensar que "el todo" no sea mayor que las partes[3].

Desde la perspectiva temporal, las cosas tampoco pintan bien para los conjuntos infinitos en la MDI. Hemos visto que los observadores internos y/o los procedimientos discretos son esenciales en el acceso a la información y, por consiguiente, también lo son para acceder a los elementos de los conjuntos. En consecuencia, en contraposición a lo que sucede en la MC, la MDI sólo dispone de métodos de trabajo *basados en argumentos y procedimientos temporales,* luego, según lo dicho, no está preparada para enfrentarse a los conjuntos infinitos.

Así, se concluye que los **conjuntos infinitos discretos** son los únicos viables en la MDI. Por analogía con las escalas, también se pueden considerar *abiertos,* aunque el término *inagotables* quizás refleje mejor su naturaleza. Por mucho empeño que pongan los procedimientos discretos y observadores en extraer elementos de los *conjuntos infinitos discretos,* su límite existencial siempre llegará antes

---

[1] Estas cuestiones las trataremos con más detenimiento en los próximos capítulos.

[2] Esto viene a decir que el pegado de los puntos-nD etiquetados con índices pares, p. ej., proporciona un espacio de menor tamaño que el obtenido al pegar los puntos-nD indexados con índices pares e impares.

[3] No deja de ser curioso que el resultado de Cantor mencionado arriba sea aceptado en la MC como la definición de los conjuntos infinitos, mientas que si fuera posible llegar a esta conclusión en la MDI (que no lo es), los observadores internos podrían interpretar este mismo resultado como una demostración, por *reductio ad absurdum,* de que el infinito no existe.

CAPÍTULO CUATRO

de que éstos se agoten. Por tanto, para observadores y procesos, los conjuntos infinitos [discretos] son *interminables* o, dicho de otro modo, el *cardinal* de estos conjuntos es *ilimitado* para ellos.

En resumen, los conjuntos infinitos de la MC quedan definitivamente descartados de la MDI, dando paso a otros conjuntos con una *cantidad inagotable* de elementos, todos teóricamente accesibles, pero que resultan *interminables* para los observadores internos y procedimientos. Estos conjuntos con *cardinal ilimitado,* ya sea constante o variable, suplen a los conjuntos infinitos de la MC, siempre que no se pretenda involucrarlos en planteamientos y desarrollos axiomáticos, destinados a tratar con el *infinito continuo.*

5 Secuencias numéricas

Introducción

Una **secuencia numérica** surge al registrar, de manera consecutiva, las cifras (índices base)[1] que proporciona la *perpendicular escalar* en la *navegación escalar descendente*. La primera cifra por la izquierda, que habitualmente es 0, corresponde a la raíz de una escala local[2], a no ser que se especifique explícitamente que se trata de la escala global. Los *resultados numéricos* que generan los *procedimientos discretos,* o los observadores[3], son *secuencias numéricas*.

Si las *secuencias numéricas* quedan establecidas trazando una *perpendicular escalar* desde la raíz de la escala ¿en qué se diferencian de los *índices escalares* (pág. 46)? Estos últimos son de *naturaleza estática* y, en cambio, en las secuencias numéricas hay una *componente dinámica* (temporal) que se ha de tener en cuenta. En otras palabras, mientras que los índices escalares tienen una longitud constante, en las secuencias numéricas la longitud es variable, pues aumenta a medida que la secuencia numérica desciende en la escala. Por tanto, en cada nivel de la escala, una secuencia numérica tiene asociado, o coincide con, un índice escalar distinto.

Veamos la terminología y definiciones relacionadas con las secuencias numéricas y su clasificación.

---

[1] Por comodidad, "cifras" o "dígitos" serán los términos habituales trabajando con las secuencias numéricas.

[2] El cero a la izquierda se omite en los cálculos, pues éstos se realizan normalmente con números naturales, pero en la definición de los *índices escalares* y *secuencias numéricas* conviene indicarlo.

[3] En realidad, los observadores suelen aplicar procedimientos discretos para generar las secuencias numéricas, luego pueden ser obviados.

CAPÍTULO CINCO

Secuencias numéricas e información

Los aspectos que más interesan de las secuencias numéricas son la *información posicional* (posición relativa de las cifras dentro de la secuencia) y la *información numérica,* que guarda relación con su *valor asociado,* aunque es un concepto diferente. ¿En qué se diferencian la *información posicional* y la *numérica?* Un ejemplo ayudará a comprender mejor estos dos tipos de información.

Supongamos que tenemos un **índice** [*escalar*] **de referencia** de 11 dígitos, por ejemplo, el $C = 01234567890$, y las secuencias numéricas $A \equiv 0123456????$ y $B \equiv 0?234567890$, con una o más cifras desconocidas (?). Comparando las secuencias indeterminadas A y B con el *índice de referencia C,* vemos que B tiene más *información posicional* que A, ya que a partir de B es mucho más sencillo encontrar el índice de referencia. Por el contrario, A posee más *información numérica* que B, pues sustituyendo en A las cifras desconocidas por cualquier combinación de dígitos, normalmente ceros, obtendremos un *valor numérico* más próximo al de C que haciendo lo mismo en B, a no ser que tengamos la suerte de sustituir la cifra '?' en B por 1. No obstante, este tipo de "suerte" disminuye rápidamente, a medida que aumenta la base del sistema de numeración, por lo que *no es un factor teórico a tener en cuenta*.

El análisis de la *información posicional* está, en su mayor parte, en manos de la *combinatoria,* pero algunos aspectos, que trataremos pronto, también interesan a la aritmética. De momento, vamos a centrarnos en la *información numérica,* comenzando por la *evaluación de las secuencias numéricas.*

Información numérica

Evaluar una secuencia numérica, definida en el intervalo escalar $[S_0, S_\infty)$, consiste en *proporcionar valor numérico* a dicha secuencia estableciendo un **nivel de evaluación** (S_j). Así, una vez evaluada la secuencia, a la izquierda está el **intervalo evaluado** $[S_0, S_j]$, que es el que proporciona el valor numérico y, a la derecha, el **intervalo no-evaluado** $[S_{j+1}, S_\infty)$, que no aporta valor numérico.

Secuencias numéricas

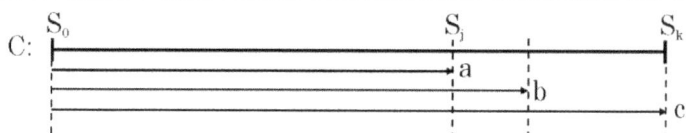

Figura 1: Distintas evaluaciones de la secuencia C

Entonces, si c_k es un *índice de referencia* evaluado en S_k, y si c_j es la secuencia numérica evaluada en S_j, con $j \leq k$, la **información numérica** disponible sobre c_k en el nivel S_j *(nivel de evaluación)* viene dada por la proporción

$$I(c_j) = \frac{\text{Estimación referencial}}{\text{Índice de referencia}} = \frac{c_j 10^{k-j}}{c_k} \in [0, 1] \qquad \text{E. 1}$$

Vemos que la **estimación referencial** se define como $c_j \cdot 10^{k-j}$, es decir, como el *producto de la secuencia numérica evaluada,* multiplicada por 10^{k-j}, siendo 10 la base del sistema de numeración, que coincide en 1D con el orden de la escala[1].

Volviendo al ejemplo de arriba, donde el índice de referencia es c_k = 01234567890 *(k = 10)*, y la secuencia numérica es c_j = 0123456, con *j* = 6, la *información numérica* de c_{10} en c_6 es[2]

$$I(c_6) = 123456 \cdot 10^{(10-6)}/1234567890 = 0{,}99999361.$$

En el caso de la secuencia B = ?234567890, como *j* = 10, el cálculo de la información numérica sería 00234567890/01234567890 = 0,1899 9999262. Según lo indicado, la *información numérica* de B es muy inferior a la de A.

En definitiva, dado un índice (o secuencia numérica) de referencia C, averiguar la información numérica de C disponible en la secuencia evaluada A, es tan sencillo como establecer la proporción entre sus respectivos valores numéricos, sustituyendo con ceros las cifras desconocidas. Pero ¿qué sucede cuando falta la secuencia de referencia?

Cantidad de información numérica

La *evaluación relativa de la información numérica,* respecto a un índice de referencia, tiene el problema de que no siempre se conoce di-

---

[1] 10^{k-j} es también la *base* del EDE local ubicado en S_{k-j}.

[2] Como norma general, en el cálculo de la información numérica se sustituyen las cifras desconocidas '?' por ceros, y luego se opera.

cho índice. No obstante, este hecho no es importante, pues la *evaluación absoluta,* que no depende de un índice de referencia, presenta mayor interés matemático.

En la evaluación absoluta de la información numérica encontramos tres resultados o **estados de evaluación**. Así, dada una secuencia cualquiera c_j (siendo S_j su nivel de evaluación), los estados posibles son en principio dos: $I(c_j) = 1$ *(evaluación exacta)* e $I(c_j) < 1$ *(evaluación [aproximada] por defecto)*. Ahora bien, variando de forma conveniente alguna de las cifras del *intervalo evaluado* (por lo común en el *nivel de evaluación*) se consigue que $I(c_j) > 1$ *(evaluación [aproximada] por exceso)*. En este último caso se realiza una *evaluación impropia* (pero útil) de la información numérica, ya que es necesario modificar el *intervalo evaluado*.

Cualquiera de estos *estados de evaluación* establece la **cantidad de información numérica** (**CIN**) de las secuencias numéricas, de modo que si $I(c_j) = 1$, la *cantidad de información numérica* de la secuencia c_j es *exacta*, y si $I(c_j) \neq 1$, entonces la CIN es *aproximada*, ya sea *por defecto* ($I(c_j) < 1$) o *por exceso* ($I(c_j) > 1$). ¿Cuándo será exacta o aproximada la CIN de una secuencia numérica? Pronto veremos la respuesta.

Clasificación de las secuencias

Al menos hay cinco aspectos de las *secuencias numéricas* que pueden servir como criterios de clasificación: la *longitud* (o *amplitud*) de las secuencias, o sea, la cantidad de cifras (niveles escalares) que poseen, su *valor numérico*, la *cantidad de información numérica que pueden aportar* (exacta o aproximada), la *cantidad de información numérica que tienen* y la *información posicional*.

En función de la longitud

En los EDE-nD internamente acotados, la navegación escalar descendente no puede sobrepasar el *nivel final*. En tales casos, las *secuencias numéricas* son [internamente] **cerradas**. En cambio, serían [internamente] **abiertas** si no existiese nivel final.

Independientemente de que sean *abiertas* o *cerradas*, si el número de cifras de una secuencia numérica fuese *ilimitado*, entonces la secuencia sería **ilimitada**. Por el sentido que "ilimitado" tiene en la

MDI (pág. 52) esta definición viene a decirnos que en las secuencias *ilimitadas* existen cifras ubicadas en el *infinito discreto,* que son empíricamente inaccesibles para los observadores internos y los procedimientos discretos.

Según vemos, las secuencias numéricas heredan la terminología de las escalas en esta clasificación.

En función del valor numérico

Las secuencias con *valor numérico* asociado, es decir, con un *nivel de evaluación* establecido, son **secuencias evaluadas** y, de lo contrario, **no-evaluadas**. El *cálculo con números* requiere, como es lógico, secuencias *evaluadas*. En cambio, las *transformaciones algebraicas* también admiten las secuencias *no-evaluadas*. Vean que no puede haber secuencias numéricas cerradas no-evaluadas si, por defecto, se considera que el *nivel final* de la escala ejerce como nivel de evaluación.

Dentro del grupo de las *secuencias numéricas evaluadas* se definen las **secuencias extremas**, de modo análogo a como hicimos con los *índices escalares extremos* (pág. 56). Conviene recordar que, en un nivel dado S_k, no hay diferencias entre los *índices escalares* en S_k y las secuencias numéricas evaluadas en ese mismo nivel escalar.

Según la CIN sin evaluar

Vimos más arriba que las secuencias numéricas pueden proporcionar una CIN exacta o sólo aproximada. Veamos de qué depende.

Diremos que una secuencia numérica es **completa**, *si existe un nivel escalar S_i a partir del cual se cumple que $V(S_{j+1}) = bV(S_j)$*, con $i \leq j$ y $j \to \infty$, siendo $V(S_j)$ el valor numérico de la secuencia en S_j y b el orden de la escala[1]. En otros términos, una secuencia numérica es *completa* si S_i es la raíz de una *secuencia nula teóricamente inagotable*. En caso contrario, la secuencia es **incompleta**[2].

---

[1] Otra definición posible, igual que la anterior, utiliza la *longitud del módulo base* (capítulo 4, pág. 53), de modo que $L(S_{j+1}) = bL(S_j)$. La definición también se puede hacer a partir del *índice base* (capítulo 3, pág. 43), tal que $IB(S_{j+1}) = bIB(S_j)$.

[2] En los espacios de mayor dimensión (EDEs-nD, con $n \geq 2$) también existe este concepto. Gracias a él, algunas demostraciones, como la imposibilidad

→

Según lo anterior, en las secuencias *completas* existe necesariamente una última cifra (distinta de cero), ubicada en el **nivel de información** [*numérica*] **completa** (**NIC**), que es el *nivel escalar previo al comienzo de la secuencia nula,* es decir, el nivel S_{i-1}.

Se comprende fácilmente que la CIN de una secuencia numérica sólo puede ser exacta si ésta es *completa*. Las secuencias numéricas que carezcan de NIC *(incompletas)* tendrán una CIN aproximada.

Según la CIN evaluada

En esta ocasión, el criterio de clasificación utilizado son los *estados de evaluación* de la información numérica, es decir, las secuencias numéricas evaluadas se clasifican según sea la *cantidad de información numérica*: *exacta, aproximada por defecto* o *por exceso*.

Así, siendo c_j una secuencia numérica evaluada en el nivel S_j, si $I(c_j) = 1$, entonces es **terminal**. En caso contrario, es decir, $I(c_j) \neq 1$, la secuencia es **no-terminal**. En este grupo se encuentran las **no-terminales subvaluadas** y **sobrevaluadas**, según sea $I(c_j) < 1$ o $I(c_j) > 1$, respectivamente. ¿Cómo se determina ni una secuencia numérica es terminal o no?

Las secuencias *completas* serán *terminales* si su *nivel de evaluación* (**nivel terminal**) coincide con el NIC, o se encuentra por debajo de éste en la escala. En caso contrario serán *no-terminales*. En cambio, *las secuencias incompletas son todas no-terminales.*

Por otro lado, puede suceder que las secuencias *ilimitadas* sean *terminales,* desde el punto de vista teórico*,* y ser *no-terminales* en la práctica, y viceversa. Así, si sabemos que el NIC de una secuencia se halla en el infinito discreto, entonces la secuencia es *terminal* desde la perspectiva teórica, pero en la práctica será *no-terminal* (**no-terminal de facto**), pues la información numérica disponible nunca estaría completa. También puede ocurrir lo contrario, es decir, que una secuencia ilimitada sea *no-terminal en teoría,* pero que resulte *terminal en la práctica* (**terminal de facto**), si en el nivel que sigue al de evaluación aparece una *secuencia nula ilimitada,* o sea, intermi-

---

de cuadrar el círculo, se convierten en una trivialidad, al menos cuando se trabaja con puntos-nD.

nable para los observadores y procedimientos. ¿Qué sucede en las escalas cerradas?

Si existe un NIC teórico ubicado escalarmente por debajo del *nivel final,* entonces serían *secuencias truncadas* (capítulo 6, pág. 82). Sin embargo, es frecuente suponer que por debajo del nivel final de la escala no existe información numérica, p. ej., cuando no interesa o es desconocida. En tales ocasiones, todas las secuencias numéricas son terminales de facto, pues hemos acordado que la *secuencia nula* y la falta de información numérica son situaciones equivalentes[1].

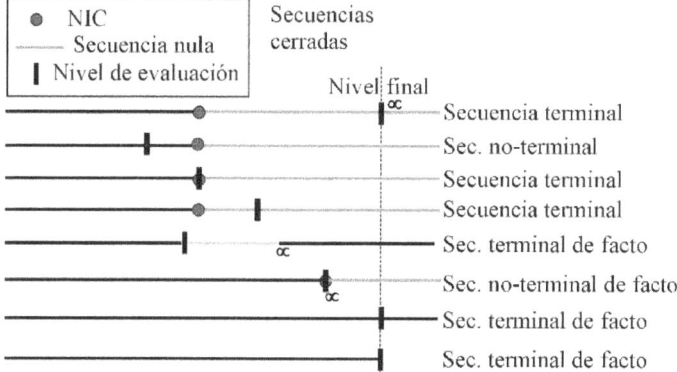

Figura 2: Secuencias numéricas cerradas evaluadas

En la Figura 2 se representan distintos tipos de secuencias numéricas cerradas evaluadas. Si no existe un nivel de evaluación explícito, se supone que están evaluadas en el nivel final, aunque esto es opcional. El esquema de las secuencias numéricas abiertas evaluadas y no-evaluadas es muy similar, por lo que se ha omitido.

El concepto de *secuencia numérica terminal* y *no-terminal* es crucial en la MDI y, en particular, en la definición de la *recta discreta.* Por ejemplo, si el resultado de un procedimiento discreto es *terminal,* entonces es posible invertir el cálculo, es decir, se puede hallar toda la información numérica de entrada a partir del resultado y de alguno de los operandos. En cambio, si el resultado es *no-terminal,* solamente se consigue una aproximación a los argumentos de entrada, debido a la

---

[1] En el cálculo numérico, todas las secuencias se pueden considerar *terminales de facto,* lo sean o no, pues se pierde la información numérica del segmento no-evaluado.

pérdida [irreversible] de información numérica que implica un operando o resultado no-terminal, pero aquí también hay otra excepción importante que pronto veremos.

Antes de finalizar, vean que las secuencias numéricas abiertas *no-evaluadas* sólo pueden ser, respecto a la CIN, *completas* o *incompletas*, pero las evaluadas han de ser *terminales* o *no-terminales*.

Según la información posicional

La clasificación aritmética de las secuencias numéricas, basada en la *información posicional*, se centra en la distribución de los dígitos. Su mayor relevancia teórica está en las secuencias *abiertas*.

Bajo este criterio de clasificación, las secuencias numéricas se organizan en dos grandes grupos: por un lado están las *secuencias* **canónicas** (también llamadas *regulares* o *previsibles*) y, por otro, están las **irregulares** (o *imprevisibles*).

Las *secuencias canónicas* muestran un *canon* o *patrón de expansión escalar*, de modo que, *a partir de una muestra finita de la secuencia*, es posible predecir cómo será ésta en un nivel o segmento escalar dado. Así, las secuencias 010011000111... y 021002100021... pertenecen al grupo de las *canónicas*[1]. Dentro de este grupo, y debido a su gran relevancia, destaca el subgrupo de las secuencias **periódicas** que, como saben, a su vez se clasifican en *periódicas puras* y *mixtas*. Aunque las *periódicas* se caracterizan por la distribución peculiar de sus cifras, también poseen importantes propiedades relacionadas con su información numérica, algo que veremos ahora.

En cuanto a las secuencias *irregulares,* en ellas no es posible predecir las cifras *a partir de una muestra finita*. A este grupo pertenecen la mayoría de las secuencias numéricas famosas, como *e* o π. Dada su naturaleza anárquica, no son muy propensas a formar subgrupos, al menos cuando se aplican criterios relacionados con la información posicional.

---

[1] Interesa recalcar que la predicción ha de hacerse a partir de una muestra finita de la secuencia que contenga el patrón de expansión, pues mediante cálculos más o menos complejos, hasta las secuencias aleatorias se pueden prever.

Secuencias numéricas cuasi-terminales

Las *secuencias periódicas,* evaluadas en el *último nivel del periodo,* son **cuasi-terminales** en la MDI. Veamos el porqué de este calificativo, pero antes un poco de terminología.

Dado un número natural a, si $1/a$ genera una *secuencia abierta periódica pura*, podemos escribir $1/a = c_j = 0p...$, donde p representa al *periodo* de la secuencia numérica evaluada en S_j. Por otra parte, la función aritmética $L(p) = r$ proporciona la *longitud del periodo*, es decir, el periodo tiene r cifras.

Tenemos entonces la secuencia periódica pura c_j. Con independencia de cuál sea su nivel de evaluación S_j, sucede que $\mathbf{I}(c_j) < 1$, es decir, c_j es *no-terminal subvaluada,* pues la secuencia numérica carece de NIC (pág. 70). Por tanto, si se *revierte el resultado*[1] c_j se tiene que $ac_j < 1$, algo que no sucedería si c_j fuese *terminal,* pues en tal caso $ac_j = 1$.

Ahora bien, si S_j coincide con el *último nivel del periodo,* entonces sucede que $pa =$ CB-1, de modo que $r = L(CB\text{-}1)$, es decir, la longitud de la secuencia CB-1 coincide con la longitud del periodo, por lo cual, como $10^r =$ CB-1 + 1, queda que $10^r = pa + 1$, de donde se tiene finalmente que $1 = (pa + 1)/10^r$. Por ejemplo, si $a = 7$, al calcular $1/7$, resulta que $p = 142857$, luego $L(p) = 6$. Como $pa = 999999$, queda entonces que $1 = (999999 + 1)/10^6$.

Vemos que si el nivel de evaluación de c_j coincide con el *último nivel del periodo,* entonces también es posible *revertir* de forma exacta c_j con resultado 1. No obstante, c_j continúa siendo *no-terminal,* pues S_j no puede ser un *nivel terminal,* lo que supone que $\mathbf{I}(c_j) < 1$ y, por tanto, $ac_j < 1$. ¿Entonces?

A pesar de ser *no-terminales* (por carecer de NIC), las secuencias evaluadas cuasi-terminales permiten revertir los resultados *de forma exacta,* o sea, sin pérdida de información numérica. El precio a pagar con los resultados *cuasi-terminales* es que, para revertirlos, se requiere un procedimiento más elaborado (de mayor nivel jerárquico) que el utilizado con las secuencias terminales.

---

[1] El concepto de "revertir" un resultado es similar al de "invertir" el procedimiento discreto que lo generó.

Anticipando un poco lo que veremos más adelante, en la MC no tiene sentido hablar de secuencias numéricas *cuasi-terminales,* pues todas las secuencias abiertas, incluidas las periódicas puras, *son terminales.* Así, siendo $c = 1/a$, la MC afirma que $ca = 1$. Por tanto, no es necesario acudir al periodo para revertir de forma exacta el resultado de la división con decimales.

Secuencias numéricas decimales

Hasta el momento sólo hemos imaginado las secuencias numéricas como segmentos escalares abiertos o cerrados. Sin embargo, su análisis es también posible desde el punto de vista de los *entornos escalares* (capítulo 2, pág. 34). Para ello, basta con señalar el *nivel de referencia* del entorno, *intercalando una coma en la secuencia numérica.*

La clasificación de las secuencias numéricas que acabamos de ver no varía por el simple hecho de intercalar una coma en ellas. Sólo cambia un poco la terminología, pues llamaremos **decimales**, por tradición, *a las secuencias numéricas referenciadas en los entornos escalares*[1].

En la MDI, ¿cómo debe interpretarse la inserción de una coma en una secuencia numérica? Normalmente, las comas en las *secuencias numéricas evaluadas* indicarán el nivel escalar de *valoración, apreciación, estimación,* etc., del *valor numérico* de la secuencia. En otras palabras, las comas representan al EDE local, desde el cual los observadores aprecian el valor de las secuencias numéricas[2], aunque también pueden indicar el *nivel de escalado,* un concepto del que hablaremos más abajo.

---

[1] A decir verdad, no es difícil encontrar términos bastante más apropiados para estas secuencias que, como mínimo, no insinúen que la base del sistema de numeración deba ser decimal. Por ejemplo, secuencias *de entorno, valoradas, referenciadas,* etc., serían términos más adecuados, pero la tradición manda.

[2] Apreciar o valorar significa averiguar cuántos puntos-nD íntegros se pueden formar en un EDE local dado (normalmente el del observador), con los puntos-nD que hay en el EDE local de evaluación. En definitiva, se trata de establecer el *valor numérico* de la secuencia en un EDE local cualquiera, ubicado, por lo común, por encima del nivel de evaluación.

Con la inserción de una coma en las secuencias evaluadas hay al menos tres niveles escalares a tener en consideración: el *nivel de evaluación,* que establece el *valor* y la *cantidad de información numérica* de la secuencia evaluada, el **nivel de precisión**, que en la práctica remplaza operativamente al nivel de evaluación, y finalmente está el **nivel de valoración**, donde se supone que están ubicados los observadores.

Hay situaciones teóricas, en las que el nivel de evaluación de las secuencias numéricas se encuentra muy por debajo del *nivel de valoración,* lo que hace que dichas secuencias sean prácticamente inmanejables. En casos así se establece un *nivel de precisión* para las secuencias, no demasiado alejado del *nivel de valoración,* lo que permite trabajar cómodamente con ellas. El *desnivel* entre ambos se conoce en la MC como la **precisión** de las secuencias decimales, y será el término que usaremos de forma habitual.

Por otra parte, con relativa frecuencia utilizaremos los términos *"escalar"* o *"escalado de"* una secuencia numérica para referirnos *al hecho de variar su* **nivel de escalado** que, según lo indicado arriba, también queda representado por una coma, es decir, en la práctica es igual que el *nivel de valoración*. El producto sk_e indica, por lo común, el *escalado* de la secuencia evaluada k_e, siendo s el *factor de escala* (o de *escalado*). Dependiendo de que s sea inverso o directo se realiza un **escalado supraescalar** (o *ascendente*) si $s = 1/10^m$, o bien un **escalado subescalar** (o *descendente*) cuando $s = 10^m$, donde m es el desnivel, o sea, el total de niveles que se sube o baja en la escala el *nivel de escalado*[1]. El *escalado supraescalar* y *subescalar* es lo mismo que la *navegación escalar* que realizan los observadores virtuales, por lo que nunca hablaremos del "escalado de los observadores".

Métodos de valoración

No debemos olvidar que el *nivel de evaluación* es el que, en términos absolutos, determina el valor numérico de las secuencias. Por tanto, el desnivel entre los niveles de *valoración* y *evaluación* tiene gran rele-

---

[1] En términos prácticos, m es la cantidad de cifras que la coma se desplaza hacia la izquierda o hacia la derecha en una secuencia numérica.

vancia teórica, pues establece el **valor estimado**[1] de las secuencias decimales. Así, siendo S_v y S_e los niveles escalares de *valoración* y *evaluación* de la secuencia k_e, el *valor estimado* de k_e está dado por

$$a = \frac{k_e}{b^{(e-v)}} \qquad \text{E. 2}$$

donde b es el orden de la escala (y base del sistema de numeración en el EDE-1D). Encontramos tres *modos* o **métodos de valoración** [*numérica*], en función de que el **desnivel de valoración** $(e - v)$ sea mayor, igual o menor que cero.

Así, si el observador *(nivel de valoración)* se encuentra ubicado por encima del *nivel de evaluación*, o sea, si sucede que $(e - v) > 0$, diremos que se trata de una **valoración** *(apreciación o estimación)* **global** (o *subescalar*). Por ejemplo, siendo S_2 y S_7 los niveles de *valoración* y *evaluación* de la *secuencia suprema*, su *valor estimado global* está dado, según **E. 2**, por $09999999/10^5 = 099{,}99999$.

Un caso importante de *valoración global* se presenta cuando S_v se sitúa en la raíz de la escala (S_0). De este modo, el *valor estimado* de las secuencias, cualesquiera que sean éstas, pertenece al intervalo [0, 1), motivo por el cual se las conoce como *secuencias decimales normalizadas*. Siendo k_e una secuencia evaluada cualquiera, $0{,}k_e$ representa a la *secuencia decimal normalizada*, de modo que $k_e/b^e = 0{,}k_e$, ya que $v = 0$ en **E. 2**. Todas las *secuencias decimales abiertas* del intervalo [0, 1), es decir, *valoradas en S_0*, serán consideradas como *decimales normalizadas,* sean evaluadas o no.

Por otro lado, si los niveles de *evaluación* y de *valoración* tienen la misma ubicación escalar, o sea, si $(e - v) = 0$, entonces se realiza una **valoración local**. La *valoración global* y *local* tienen gran relevancia teórica, p. ej., en la secuencia de *variación mínima (vm),* ya que el *valor estimado global* está dado por la secuencia decimal normalizada $1/10^e$ (en base decimal), con $e > 0$, mientras que el *valor local* es $1/10^0 = 1$. Este doble enfoque en la valoración de las secuencias numé-

---

[1] Los términos *nivel de valoración* y *valor estimado* son más intuitivos cuando se trabaja con observadores. En cambio, *nivel de escalado* y *valor escalado,* parecen más apropiados para los procedimientos discretos. Normalmente, para evitar confusiones con la terminología, será el punto de vista de los observadores el que prevalezca.

ricas (global, local) es vital en algunos terrenos de la MDI, como sucede, p. ej., en el *análisis isodimensional*[1].

Por último, cuando el *nivel de evaluación* se halla (en la escala) por encima del *nivel de valoración* (observadores), entonces se trata de **valoración supraescalar**, de modo que *(e – v)* < 0. Así, estimar el volumen del Sol o el diámetro de la Vía Láctea son ejemplos de este tipo de valoración. Si el *desnivel de valoración* | *(e – v)* | es pequeño, lo habitual es realizar *valoraciones supraescalares de entorno*, con los resultados expresados en unidades típicas de nuestro entorno escalar (metros, kilómetros, etc.). En cambio, cuando el desnivel de valoración comienza a ser considerable se realizan *valoraciones supraescalares astronómicas* o *cósmicas* utilizando, por lo común, unidades de medida acordes con el nivel de evaluación, como pársecs o años-luz.

Representación de las secuencias

Aunque siempre queda la posibilidad de indicar de modo explícito las características de las secuencias numéricas, conviene que sean ellas mismas las que se identifiquen.

Secuencias evaluadas con valoración local			
Cerradas	Tipo		*Abiertas*
a.	← Terminales →		a.0...
a.b	← No-terminales →		a.b...
	Puras	Periódicas	a...
		Canónicas	a...
		Irregulares	?...
	Mixtas	Periódicas	a*b*...
		Canónicas	ab...
		Irregulares	a?...

Tabla 1: Formato genérico para las secuencias valoradas localmente

---

[1] Los fundamentos del *análisis isodimensional* en la MDI difieren del *análisis estándar* de la MC. Por ejemplo, cuando *vm* = 1/10e, el *cálculo diferencial e integral* en la MDI se comporta como su homólogo en la MC. En cambio, si *vm* = 1, se transforma en *cálculo de diferencias finitas*. Por tanto, con un simple desplazamiento del *nivel de valoración,* estos dos campos de la MC quedan unificados en la MDI. Esto no puede ocurrir en la MC, dado que no es posible derivar e integrar funciones discretas.

La Tabla 1 muestra el *formato genérico* que, de modo ocasional, utilizaremos para designar a las secuencias *evaluadas* y *valoradas localmente*, o sea, cuando $e - v = 0$ en **E. 2**.

En las secuencias *terminales* y *no-terminales*, un punto indica el *nivel de evaluación*, siendo a el segmento escalar evaluado y b el no-evaluado. En las secuencias ab... *(mixtas periódicas y canónicas)*[1], el *periodo* y/o el *patrón de expansión* se encuentra en b y, en las *irregulares*, a es regular. El formato genérico para las *secuencias decimales evaluadas* es similar al anterior, pero indicando la coma *(nivel de valoración)*, como se hace en las *secuencias decimales normalizadas*.

Los formatos genéricos son útiles para representar a conjuntos de secuencias numéricas que comparten las mismas características. Ahora bien, trabajando con secuencia numérica concretas es importante que las peculiaridades propias de cada una aparezcan en su escritura, sin perder de vista al formato genérico. La Tabla 2 muestra ejemplos de escritura de secuencias numéricas de diversos tipos.

	Tipo de secuencia
1234567890	Terminal cerrada
12345.0...	Terminal abierta
31415926?...	No-terminal irregular abierta
314...26?...	No-terminal irregular abierta
3,1415926	Decimal terminal cerrada
3,14159.26	Decimal no-terminal cerrada
3,14?...?26	Decimal irregular cerrada
3,1415926?...	Decimal irregular abierta
3,1415<u>926</u>...	Decimal periódica mixta abierta (periodo <u>926</u>)
1,9...9?...	Decimal irregular abierta
0,031323003113223...	Decimal canónica abierta[2]

Tabla 2: Escritura de las secuencias numéricas

En los ejemplos, "?...?" indica que hay una secuencia irregular intermedia, y "?..." nos dice que se trata de una secuencia *irregular abierta*. Además, "..." también se utiliza para indicar que hay cifras intermedias en las secuencias de cualquier tipo.

---

[1] Las *periódicas* son un subconjunto de las secuencias *canónicas,* pero dada su relevancia aritmética se consideran aparte.

[2] La coma no influye en el patrón de la secuencia.

Ampliación del concepto de número

Los *números naturales* surgen tras eliminar las cifras que no aportan valor numérico (ceros a la izquierda) en los *índices escalares*. El análisis previo sobre las secuencias numéricas amplía el horizonte del concepto de número en la MDI.

Así, llamaremos **número** [*ordenado*][1] *a cualquier secuencia numérica evaluada*. El cálculo con números no tendría sentido sin un valor numérico asociado. En ocasiones, también llamaremos "números", por simple comodidad, a las secuencias numéricas *no-evaluadas* que aparecen en el álgebra, aunque realmente no lo sean. La *valoración* (global o local) que se haga del valor numérico de los números sólo afecta a su calificación (decimales o no), pero no a la definición.

---

[1] El calificativo de "ordenado" es sólo para indicar que los números admiten relaciones de orden basadas en su valor numérico. Los complejos y cuaternios, que no son números en la MDI, también son ordenados, aunque de forma indirecta, pues carecen de valor numérico explícito.

6 La recta discreta

Introducción

Vimos en el capítulo 4 que el cálculo en el *segmento discreto* se realiza normalmente con *números naturales*. Si éste se amplía conceptualmente para trabajar con *secuencias numéricas evaluadas,* entonces tenemos la **recta** [*numérica*] **discreta,** que es equiparable a la *recta real positiva* de la MC. ¿Qué se debe hacer para incorporar las secuencias numéricas en el segmento discreto?

Desde la perspectiva estructural, la *recta* y el *segmento discreto son iguales,* es decir, éste no requiere modificación alguna. Por consiguiente, basta con establecer el comportamiento aritmético de las secuencias numéricas, atendiendo a los niveles de *evaluación* y *valoración,* para ampliar la utilidad aritmética del segmento discreto, dando lugar a la *recta discreta.*

Operaciones en la recta discreta

En el segmento discreto es sencillo adaptar las secuencias numéricas al *cálculo aritmético,* pues éste se realiza siempre de la misma forma, es decir, efectuando una *variación aditiva, substractiva* o *nula* sobre un *módulo base,* que se encuentra definido en un EDE local dado (capítulo 4, pág. 54). Puesto que se ha de preservar la *homogeneidad escalar* calculando con secuencias numéricas evaluadas, el mayor cuidado que debemos tener es que *los niveles de valoración y evaluación de los operandos estén escalarmente alineados,* antes de operar aritméticamente. ¿Cuál de los dos niveles tiene *prioridad de alineación* en el cálculo con números?

La alineación escalar del *nivel de valoración* es primordial para los observadores. Sin embargo, *las operaciones aritméticas se efectúan en el nivel de evaluación* (aunque habitualmente sea en el de precisión), luego las secuencias numéricas también han de tener alineado este nivel, proporcionando así resultados coherentes (homogéneos). Por consiguiente, como sucede en la MC, para calcular con secuencias decimales se han de alinear las "comas", que se encuentran explícita o implícitamente en todos los operandos aritméticos de la MDI[1]. Además, se establece (o se da por hecho) que éstos comparten el mismo nivel de evaluación.

En definitiva, es imprescindible la **alineación escalar** de las secuencias numéricas para el cálculo aritmético en el segmento discreto. No obstante, hemos pasado por alto un "pequeño" detalle. Es frecuente que las secuencias evaluadas sean *ilimitadas* para los observadores y procedimientos discretos, lo que hace inviable calcular con ellas en ese estado. Por tanto, lo habitual es preparar las secuencias numéricas, como paso previo a la *alineación escalar,* para que sean aritméticamente manejables.

Adaptación de las secuencias numéricas

Tanto en la MC como en la MDI, las técnicas de preparación de las secuencias para el cálculo con números son: el *truncamiento,* la *estimación referencial* y el *redondeo*.

El **truncamiento**, normalmente implica un desplazamiento muy significativo del nivel de evaluación hacia la raíz de la escala, sin sobrepasar el nivel de valoración, lo que suele comportar un recorte drástico en la longitud del intervalo evaluado[2]. El *truncamiento* pretende encontrar un equilibrio entre la precisión de cálculo y la viabilidad de los procedimientos. En la práctica diaria, el truncamiento, por lo general, se realiza de modo implícito, pues la *precisión* de las secuencias queda establecida al inicio de los cálculos. El resultado de aplicar el *truncamiento* es lo que llamaremos **secuencia truncada**, que es *aquella cuyo nivel de evaluación, o de precisión, se encuentra ubicado en la escala por encima del NIC, si existe.*

No obstante, hay casos en los que el *truncamiento* de las secuencias numéricas no es posible, por ejemplo, cuando se calcula con ma-

---

[1] Si una secuencia numérica carece de coma, o sea, si no es *decimal,* entonces los niveles de valoración y evaluación coinciden *(valoración local)* y, por tanto, la "coma" se halla implícita en el nivel de evaluación.

[2] Afortunadamente, hoy en día disponemos de potentes bibliotecas informáticas de cálculo que trabajan con *precisión extendida,* por lo que estas restricciones han dejado de ser un problema en muchas situaciones.

cro o micro-cantidades. En tales ocasiones, no queda otro remedio que intentar aproximar el valor numérico de los operandos, tanto como sea posible. Por ejemplo, las estimaciones $0{,}173 \cdot 10^{64}$ y $173 \cdot 10^{-64}$ son las vías habituales de aproximación al valor numérico de los operandos. Según vemos, ambas aproximaciones tienen mucho que ver con el cálculo de la *estimación referencial* (pg. 67).

Por último, como sucede en la MC, el **redondeo**, que normalmente se aplica sobre secuencias truncadas, consiste en modificar los operandos de forma conveniente antes de calcular, aunque también se aplica en los resultados. Algunos *redondeos* se pueden considerar *truncamientos moderados*, pero no siempre es así. Las técnicas de redondeo de la MC son las que encontramos en la MDI. Veamos algunos casos generales.

Así, el **redondeo entero**, que es el más drástico de todos, convierte a las secuencias decimales en números naturales eliminando la parte decimal, a la vez que incrementa (o no) la parte entera.

Menos agresivo que el anterior, y mucho más habitual, es el **redondeo decimal**, que consiste en variar (o no) el nivel de precisión (o evaluación), hasta dejar los operandos con la precisión escalar deseada. Con o sin el *escalado*, cabe la posibilidad de que se incremente la última cifra (en el nivel de precisión), según sea el valor numérico de la siguiente cifra[1].

Conviene tener presente que ninguna de las técnicas de preparación para el cálculo *evita la carencia de información numérica,* si las secuencias numéricas son no-terminales.

Sumas y productos

Una vez que las secuencias han sido preparadas y escalarmente alineadas, se opera con ellas *como si fuesen números naturales*. Por lo tanto, no es necesario definir las operaciones aritméticas de suma y resta con secuencias numéricas en la *recta discreta*, pues son las mismas que hemos establecido para el segmento discreto (pág. 58). No obstante, si alguno de los operandos fuese una *secuencia decimal*,

---

[1] Al incrementar la última cifra, la secuencia numérica, que es *no-terminal subvaluada,* se convierte en *no-terminal sobrevaluada.*

entonces habría que ubicar una coma en el resultado, en una posición que aparentemente quizás no coincida con la ubicación de la coma en los operandos, sobre todo cuando éstos se multiplican. Por esta razón, la informática habla del *cálculo en coma flotante* cuando trabaja con secuencias numéricas decimales.

Sin embargo, aparte de la obligada *homogeneidad escalar en la evaluación*, no tiene sentido que el *nivel de valoración* en el resultado difiera del utilizado en los operandos[1]. En consecuencia, la *homogeneidad escalar en la valoración* también está presente en los cálculos, lo que requiere establecer el mismo *nivel de valoración* en los operandos y en el resultado. Por lo común, será indiferente conocer la *ubicación en la escala global* de ambos niveles (**cálculo escalarmente indeterminado**)[2], siendo el formato genérico de los operandos $0...0a,b0...0$, donde a es la parte entera (segmento supraescalar) y b la parte decimal (segmento subescalar). En definitiva, el cálculo con números decimales (sin ceros por la izquierda y/o derecha) es en *coma fija* (punto de vista absoluto), aunque parezca *flotante* (punto de vista relativo). Veamos un ejemplo que ilustre lo anterior, aclare algunas cuestiones sobre el redondeo y muestre el *modus operandi teórico* con las secuencias numéricas decimales en la recta discreta.

Sea la secuencia decimal cerrada $a = 0...012,07.325$, que suponemos valorada en S_v y evaluada en $S_{(v+2)}$. Por otro lado, tenemos la secuencia decimal abierta no-terminal $b = 0...03,1415926.5?...$, valorada asimismo en S_v y evaluada en $S_{(v+7)}$. Para calcular $a + b$, sólo queda adaptar los niveles de evaluación de a o b.

Entonces, o bien se realiza el *redondeo decimal* de b, transformándose en $b = 0...03,14$, o se expande a agregando ceros hasta al-

---

[1] Implicaría que los observadores han de navegar escalarmente para percibir y apreciar el resultado de los cálculos aritméticos. Además, recordemos que sumar y restar no es más que variar la longitud de un *módulo base,* luego no es posible que el resultado cambie de nivel escalar.

[2] En los cálculos aritméticos, por lo común, no debemos preocuparnos por la *ubicación escalar global* de estos niveles. Sólo podría haber problemas *(resultados incoherentes)* si no se considera la ubicación escalar de los operandos y del resultado, trabajando cerca de la *raíz global*.

canzar $S_{(v+7)}$, quedando así $a = 0\ldots012{,}0700000$[1]. Optar por una solución u otra depende de la precisión con que se quiera trabajar. Por tanto, o bien $a + b = 3{,}14 + 12{,}07 = 15{,}21$ o $a + b = 12{,}0700000 + 3{,}1415926 = 15{,}2115926$. ¿Qué sucede si se multiplican $a = 12{,}07$ y $b = 3{,}14$? En este caso el resultado es $37{,}8998$, lo que significa que para preservar la homogeneidad escalar de valoración y evaluación, los operandos serían en realidad $a = 0\ldots012{,}0700$ y $b = 0\ldots03{,}1400$. Por descontado, en la práctica diaria, las operaciones con a y b se realizan como se hacen en la MC, al menos de momento[2].

Información en los resultados

Además del valor numérico que proporcionan las operaciones aritméticas, algunas veces también interesa conocer qué características de los operandos heredan los resultados, es decir, si serán terminales, no-terminales, regulares, irregulares, etcétera. Dos de los criterios utilizados en la clasificación de las secuencias numéricas, la *cantidad de información numérica* y la *información posicional*, sirven ahora para averiguar qué sucede con la información de las secuencias numéricas cuando se operan de modo aritmético[3].

Leyes de conservación de la CIN

Supongamos que t representa a una secuencia *terminal* y $\bar{t}$ a una *no-terminal*, por lo que $\mathbf{I}(t) = 1$ e $\mathbf{I}(\bar{t}) < 1$. Al operar aritméticamente se cumplen las siguientes normas:

---

[1] La expansión subescalar con ceros de $0\ldots012{,}07$ puede expresarse como $0\ldots012{,}07 \cdot 10^7$, por lo que se convertiría en $0\ldots0120700000$. Esta operación, previa al cálculo, sería un problema en una calculadora, pero no lo es desde el punto de vista teórico de la aritmética isodimensional, pues las operaciones aritméticas siempre se realizan en el EDE local establecido por el nivel de evaluación (o precisión) y, por tanto, los índices escalares que se suman o restan serían el $0\ldots0120700000$ y el $0\ldots0031415926$, ubicando posteriormente la coma en el nivel S_v del resultado.

[2] Aunque está sin concretar, podría ser interesante disponer de un cálculo aritmético basado en la escala global del Universo, posicionando a voluntad los niveles de evaluación y valoración antes de operar.

[3] Los demás criterios *(valor numérico* y *longitud)* no parecen mostrar gran interés teórico.

CAPÍTULO SEIS

$$1) t \pm t \to t; \mathrm{I}(t \pm t) = 1 \quad 3) \bar{t} \pm t \to \bar{t}; \mathrm{I}(\bar{t} \pm t) < 1$$
$$2) t \pm \bar{t} \to \bar{t}; \mathrm{I}(t \pm \bar{t}) < 1 \quad 4) \bar{t} \pm \bar{t} \to \bar{t}; \mathrm{I}(\bar{t} \pm \bar{t}) < 1$$

E. 1

Todas estas leyes tienen fácil justificación. Así, si *falta información numérica* en alguno de los operandos, entonces también falta en la secuencia numérica resultante. Por consiguiente, la CIN disponible en los operandos (exacta o aproximada) *se conserva en los resultados*[1]. Analicemos brevemente estas leyes, pues podrían parecer falsas a primera vista.

Si los sumandos fueran secuencias *no-terminales ilimitadas,* la secuencia resultante podría ser *terminal de facto* (capítulo 5, pág. 70), siempre que, en el nivel de evaluación de los operandos, las cifras sean complementarias al orden de la escala *(a, (b – a))* y que se complementen en los restantes niveles, de la forma *a* y *((b – a) – 1))*, hasta llegar al *NIC de facto*[2]. Por ejemplo, si $p = 23{,}57...34{.}82?...$ y $q = 2{,}12...66{.}75?...$, queda que $p + q = 25{,}70...0$. En el caso de la resta, si las cifras de los operandos fuesen iguales desde el nivel de evaluación hasta llegar al NIC de facto, la secuencia resultante también sería *terminal de facto* para los observadores y procedimientos. En cualquier caso, aunque los resultados *terminales de facto* sean posibles, no son contraejemplos que sirvan para invalidar las *leyes de conservación de la cantidad de información numérica.*

A partir de **E. 1** fácilmente se deducen otras leyes. Por ejemplo, con el producto se cumple que

$$tt \to t \text{ y } (t\bar{t}, \bar{t}t, \bar{t}\bar{t}) \to \bar{t}.$$

E. 2

Las leyes de conservación de la CIN no se encuentran en la MC, pero existen otras similares. Así, si decimos que t es el representante de los *racionales* y $\bar{t}$ de los *irracionales,* entonces las leyes de **E. 1** y **E. 2**

---

[1] Son frecuentes las demostraciones teóricas en la MDI que dependen de estas leyes o de leyes homólogas. La valoración de la CIN abre caminos que son intransitables cuando se trabaja sólo con el valor numérico de las secuencias.

[2] El *NIC de facto* es un nivel escalar que ejerce de NIC sin serlo, pues este nivel no existe en las secuencias terminales de facto.

también son válidas en la MC, así como en la MDI. Se pueden utilizar, por ejemplo, en el análisis de algunas constantes matemáticas[1].

¿Qué sucede cuando se opera con una secuencia terminal y otra *periódica*? Según la segunda ley de **E. 1**, el resultado será *periódico mixto*. Así, siendo t una secuencia terminal de r cifras y a/b la fracción generatriz de la secuencia periódica, entonces $(tb + a10^r)/b10^r$ proporciona un resultado decimal periódico mixto. Resulta más interesante cuando se trabaja con secuencias periódicas puras, aunque esta cuestión entra de lleno en el terreno de la teoría de números.

Leyes de la entropía numérica

Sean ahora las secuencias numéricas *evaluadas abiertas* p y $\bar{p}$, de modo que p representa a una *secuencia previsible (canónica)* y $\bar{p}$ a una *no-previsible (irregular)*. Al operar de forma aritmética con p y $\bar{p}$ encontramos alguna de las situaciones teóricas siguientes:

$$
\begin{array}{ll}
1)\ p \pm p \to (p \circ \bar{p}) & 3)\ \bar{p} \pm p \to \bar{p} \\
2)\ p \pm \bar{p} \to \bar{p} & 4)\ \bar{p} \pm \bar{p} \to (\bar{p} \circ p)
\end{array}
\qquad \text{E. 3}
$$

Según vemos, las leyes 1) y 4) proporcionan resultados de ambos tipos. No es difícil hallar ejemplos de secuencias canónicas que al operar con ellas generan un resultado canónico, como sucede, p. ej., con el par $C_1 \equiv 010010001...$ y $C_2 \equiv 020020002...$, o bien el par C_1 y $C_3 \equiv 101101110...$, cuya suma proporciona una secuencia periódica. De todos modos, lo más frecuente es que el resultado sea $\bar{p}$ si los operandos son secuencias canónicas cualesquiera[2]. Asociando la idea de *orden* a las secuencias numéricas previsibles y la de *desorden* a las imprevisibles, las expresiones que vemos en **E. 3** se convierten en las *leyes de la entropía numérica*[3].

---

[1] Un ejemplo lo encontramos en la demostración de la *irracionalidad* de la constante de *Euler-Mascheroni*. Aunque ésta se lleve a término en el seno de la MDI, si γ es irracional en esta matemática, también ha de serlo en la MC, pues la constante y el concepto de irracionalidad coinciden en ambas matemáticas.

[2] Noten que los *acarreos* no son un factor teórico a considerar, pues éstos se evitan fácilmente sumando en un sistema de numeración con una base apropiada.

[3] El concepto de "entropía" no está necesariamente relacionado con el orden y el desorden, pero en muchos casos sí.

CAPÍTULO SEIS

En la cuarta ley vemos que puede surgir orden del más puro desorden, algo que, en cierto modo, no supone una sorpresa, pues también sucede en otros contextos *(teoría del caos)*. ¿Cuán frecuente es que surja orden al sumar dos secuencias imprevisibles? Sin entrar en grandes profundidades teóricas, dada una secuencia cerrada previsible P, por cada secuencia imprevisible I_1 (de igual número de cifras que P) existe otra secuencia $I_2 = P - I_1$, por lo que $P = I_1 + I_2$. Por consiguiente, según sea el número de cifras de P, la *combinatoria* deja entrever que es enorme el total de combinaciones de I_1 e I_2 que cumplen la igualdad anterior. Sin embargo, es mucho mayor el número de combinaciones que no la cumplen.

En definitiva, a medida que la longitud de la secuencia P crece, en mayor medida aumenta el total de secuencias I_1, I_2 que son complementarias en P, pero es mucho mayor el total de pares cuya suma genera desorden, es decir, la norma 4, con resultado $\bar{p}$, generalmente prevalece sobre el resultado p. Veamos de refilón esto mismo desde otra perspectiva.

Supongamos que un proceso ha generado una secuencia cerrada binaria B, con una distribución aleatoria de dígitos. Como la secuencia B es irregular, su complementaria también lo será, pues es el resultado de cambiar los ceros por unos, y viceversa. La suma de B con su complementaria es un caso claro de generación de orden (ley 4), ya que el resultado es la secuencia previsible 1...1. Según esto, ¿cuál es la probabilidad de que el proceso genere la secuencia complementaria de B?

Cuando B tiene sólo 4 dígitos, la probabilidad de que aparezca la secuencia complementaria es de $1/2^4$, suponiendo que el proceso generador sea realmente aleatorio. En cambio, si tiene 100 dígitos, la probabilidad baja a $1/2^{100}$. ¿Es menos aleatorio el proceso cuando genera sólo 4 dígitos que cuando genera 100? Obviamente no. Lo único que requiere para expresar su aleatoriedad son más dígitos.

En resumen, cuando el número de cifras es pequeño, la componente determinista (previsible) es aún muy alta[1]. A medida que aumenta

---

[1] En esta situación, con 2^4 casos posibles, normalmente los físicos hablarían de "estado de baja entropía".

el número de cifras de la secuencia generada, la previsibilidad se diluye de forma exponencial. Así, la probabilidad de que un mismo proceso llegue a generar la secuencia y su complementaria desciende a $1/10^t$, cuando ambas están evaluadas en S_t.

Si esto sucede con una secuencia y su complementaria, otro tanto ha de ocurrir con cualquier par de secuencias generadoras de orden (que son complementarias en P, según hemos visto). Como la probabilidad de que aparezcan dichos pares desciende exponencialmente con el número de cifras, se deduce que la proporción de secuencias que generan orden y desorden crece en favor de estas últimas[1].

Por último, las secuencias numéricas periódicas poseen su propia versión de las *leyes de la entropía numérica,* las llamadas *leyes de la periodicidad* (o *de las secuencias periódicas),* que tienen gran trascendencia matemática, pues son el origen de algunos conceptos importantes de la *teoría de números,* relacionados con las secuencias periódicas, como la *función de Euler ($\phi(n)$)* y todo lo que conlleva.

Resultados forzados

Dado que las secuencias numéricas son habitualmente *el resultado* de procedimientos matemáticos, conviene que hablemos brevemente sobre los **resultados forzados**, que pueden ser un peligro potencial (o un recurso inestimable) en las demostraciones, pues a veces olvidamos que los resultados son la consecuencia (el "después") de los procedimientos *(relación de causalidad).* Veamos un ejemplo sencillo sobre qué puede ocurrir cuando se fuerzan los resultados, que quizás sirva para aliviar una posible sensación de disconformidad con las *leyes de conservación de la cantidad de información numérica.*

Sea $a + b = c,$ donde a es una secuencia numérica no-terminal y c una terminal.

Postulado: b ha de ser *no-terminal* o *terminal,* sin otra posibilidad.

Si *b* fuese no-terminal, entonces *c* debería ser no-terminal, según la cuarta ley de **E. 1**, luego *b* ha de ser terminal. No obstante, tampoco

---

[1] En la MDI, estas cuestiones están en la base de la definición de los conceptos de *tiempo, reversibilidad del tiempo, azar, aleatoriedad,* etc.

puede ser terminal, pues no podría evitar que c fuese no-terminal, al ser a no-terminal (tercera ley).

Como plantear la igualdad $a + b = c$ en los términos anteriores *siempre es posible* (basta con hacer $a = \sqrt{2}$ y $c = 2$, p. ej.), hemos encontrado infinitos casos donde fallan las leyes de **E. 1**, o bien existe un tercer estado para b, de modo que a y b se contrarresten o complementen, de forma que el resultado sea terminal. Esta última posibilidad contradice el postulado inicial, luego *las leyes de conservación de la CIN son falsas*.

Aunque es fácil averiguar dónde está la falacia en este ejemplo[1], puede haber situaciones donde los resultados forzados sean mucho más sutiles y, por tanto, más difíciles de detectar. Por fortuna, cuando el objetivo del cálculo es el valor numérico, los *resultados forzados* suelen ser inocuos. Por ejemplo, si $a + b = c$, siendo $a = 1,4142135?...$ y $c = 2$[2], es cierto que $b = 0,5857864?...$ sería la solución teórica de esta sencilla ecuación y $b = 0,5857865$ la solución truncada práctica.

En definitiva, forzar los resultados puede dar problemas, o bien ser de gran ayuda en las demostraciones que dependen, p. ej., de la CIN, pero el forzado de los resultados carece normalmente de importancia si el objetivo es el *valor numérico* de las secuencias, como sucede cuando se plantean ecuaciones o se trabaja con ellas.

---

[1] c es un *resultado*, y será terminal o no, según sean a y b, sin importar lo establecido a priori. Como a es no-terminal, c ha de ser no-terminal.

[2] En este ejemplo, el resultado es *terminal de facto*, de la forma $2,0...\infty 0.?...$, con el *nivel de evaluación* en el infinito discreto. Desde el punto de vista de los valores numéricos esta circunstancia es irrelevante.

7 Las rectas numéricas continuas

Introducción

El *infinito continuo* o los *conjuntos infinitos* (tipo *reales* en la MC) no aparecen en la fundamentación de la MDI y, por lo tanto, en ella no es posible definir *rectas numéricas continuas*[1] que se puedan contrastar con la *recta discreta* que hemos definido.

Entonces, si se quiere definir una recta numérica en el ámbito de las *matemáticas de clase discreta* (capítulo 1, pág. 23) que se parezca a la *recta real* de la MC[2], necesitaremos el *paso al infinito,* y también el *paso al continuo,* de modo que los puntos-nD se conviertan en puntos-0D *(opción de implantación A).* Esto significa que, al ser la jerarquización espacial regular uniforme, ha de existir un EDE local ubicado en el infinito escalar, con las mismas características que el *espacio euclidiano tradicional,* aunque los puntos-0D carecen, en este caso, de *accesibilidad teórica,* algo que no impide que el espacio sea euclidiano, como pronto veremos.

En definitiva, con la *opción de implantación A* se abandona la MDI, entrando de lleno en "otra matemática" que comparte con la MC el mismo tipo de espacio euclídeo, pero que utiliza el *segmento escalar discreto* para definir la *recta numérica continua,* un ingrediente que no se encuentra en la definición de la *recta real* tradicional. Además, tampoco aparecen los *números negativos,* pues su incorporación a la recta numérica requiere una fundamentación teórica (no convencional) que sobrepasa los objetivos de este libro. En cualquier caso, aunque la ausencia del segmento negativo reste generalidad a "las rectas numéricas" que definamos, éstas no se ven afectadas conceptualmen-

---

[1] En plural, pues hay más de una, como ahora veremos.

[2] En este caso el término "recta real" abarca, de forma genérica, al *conjunto de los números reales,* al *sistema numérico de los reales* y a la *recta real* que define la *geometría analítica,* pues son, en principio, conceptos distintos.

te, pues las mismas ideas que aparecen en el segmento positivo servirán más tarde para el negativo.

Los números reales en la MC

Para averiguar hasta qué punto se parece la recta numérica continua que vamos a definir a la *recta real,* urge saber cómo son (o cómo se ven) los números reales de la MC, desde la perspectiva de la *recta discreta.* Con tal propósito, utilizaremos la información numérica de las secuencias para intentar reflejar, en el contexto de la recta discreta, la idea que tiene la MC sobre los números reales.

Sea U_j una *secuencia abierta no-terminal* evaluada en S_j, y su *índice de referencia* U_∞ evaluado en el infinito discreto. Antes de sumar la *variación mínima ($vm_j = 1/10^j$)* a U_j, en la *recta discreta* ocurre que $\mathbf{I}(U_j) < 1$ *(no-terminal subvaluada).* Después de sumar vm_j $(U_j + vm_j)$ se tiene que $\mathbf{I}(U_j + vm_j) > 1$ *(no-terminal sobrevaluada)*, es decir, con la suma de vm_j se sobrepasa la información numérica del índice de referencia U_∞. ¿Sucede lo mismo en la *recta continua* de la MC? La evaluación de U en la MC no se lleva a cabo en el *infinito discreto* (∞), sino en el *infinito continuo* (∞), lo que hace que la interpretación de los hechos sea otra.

Así, el *exceso y defecto de información numérica tiende a cero,* a medida que el nivel de evaluación de U_j tiende a infinito ($S_j \to S_\infty$). En otras palabras, las evaluaciones *por exceso* y *por defecto* convergen en la MC, de modo que la información numérica es *única* y *completa* en el infinito, o sea, las secuencias son *terminales* ($\mathbf{I}(U_\infty) = 1$). En términos habituales de la MC se tiene que

$$\lim_{j \to \infty} |\mathbf{I}(U_j + vm_j) - \mathbf{I}(U_j)| = 0 \qquad \text{E. 1}$$

Esta definición implica que vm_j (que es el menor valor posible) pierde su naturaleza numérica en el *infinito continuo,* ya que $vm_j > \varepsilon$ si $\lim_{j \to \infty} vm_j = \varepsilon$, al ser $\mathbf{I}(U_j + vm_j) > 1$, mientras que $\mathbf{I}(U + \varepsilon) = 1$.

En definitiva, el hecho de que la información numérica (por exceso y defecto) sea la misma en el infinito, implica que todas las secuencias abiertas, con infinitos dígitos, son *terminales en la recta real.* En cambio, las mismas secuencias numéricas, además de ser abiertas, son *no-terminales* en la recta discreta.

La igualdad **E. 1** es una interpretación de la idea que tiene la MC sobre los *números reales*, basada en la información numérica. ¿Existe alguna otra razón para que las secuencias numéricas evaluadas en el infinito continuo deban ser *terminales* en la MC?

Es un hecho que los números *e* o π poseen en la MC un valor numérico único y completo, es decir, tanto *e* como π son números terminales en la MC, cumpliéndose entonces que **I**(e_∞) = **I**(π_∞) = 1. ¿Sucede solamente con estas dos constantes matemáticas? No, en la MC todos los números reales son terminales[1], pues de ello dependen demostraciones y teorías matemáticas al completo. Por ejemplo, no tendría sentido ponerse a contar los números reales estableciendo una correspondencia biunívoca entre naturales y reales si estos últimos no fuesen "unidades" contables, algo que sólo es posible cuando las secuencias numéricas son terminales. En cualquier caso, existe otra razón que despeja cualquier duda sobre la naturaleza terminal de los números reales en la MC.

En efecto, la MC demuestra formalmente de diversas maneras que el valor de la secuencia CB-1, evaluada en el infinito, *es igual a la unidad*. En otros términos, en base decimal se cumple que 0,9... = 1, lo que implica que la secuencia 0,9... ha de ser *terminal*, pues tiene el mismo valor numérico (y la misma *cantidad de información numérica*) que la secuencia 1,0..., *que es terminal*. Si esto sucede con la CB-1, no hay razón teórica que impida que las demás secuencias numéricas sean también *terminales* cuando están evaluadas en el infinito. Es de suponer que haya otras formas de justificar la *naturaleza terminal de los números reales* en la MC, pero las razones anteriores son suficientes para nuestros propósitos.

Establecida la importante conclusión de que *todos los números reales son terminales* en la MC, comenzaremos el estudio de las *rectas*

---

[1] En la MC "existe una contradicción" en este sentido, pues, por un lado, todos los números reales evaluados en el infinito son *terminales* y, por otro, los irracionales se comportan como *no-terminales* cuando se calcula con ellos. Esta aparente contradicción se debe a que no es posible el cálculo teórico con números reales evaluados en el infinito, es decir, siempre se opera con números reales (terminales y no-terminales), por lo que se cumplen las *leyes de la racionalidad*.

numéricas continuas en el ámbito de las matemáticas de clase discreta, de modo similar a como hemos analizado la *recta discreta* en la MDI, es decir, trazando perpendiculares escalares a través del desglose escalar del EDE-1D, pero ahora *el número de EDEs locales en la escala global será infinito* [*continuo*].

Opción de implantación matemática A

Según lo indicado, definir una recta numérica similar a la recta real de la MC sólo es posible admitiendo el *paso al infinito*. Ahora bien, la presencia de este *distintivo matemático* (capítulo 1, pág. 23) trae consigo la necesidad de *establecer un sistema de axiomas,* pues ahora trabajaremos con conceptos matemáticos (información) que son *teóricamente inaccesibles*[1]. Los *axiomas*[2] que veremos en las matemáticas de clase discreta son de dos tipos: *de existencia* y *de accesibilidad*.

Axiomas de existencia

Los *distintivos matemáticos* que vimos en la jerarquización descendente (pág. 23) proporcionan los **axiomas de existencia**.

Así, el *paso al infinito* establece la **existencia del infinito**, es decir, en la subdivisión espacial indefinida existe una fase o límite, a partir del cual los espacios locales carecen de *accesibilidad teórica* para los observadores internos y procedimientos discretos.

Por otro lado, si se adopta el *paso al continuo* queda establecida la **existencia del continuo**, pues llega un momento en la subdivisión espacial indefinida donde los puntos-nD pierden su dimensionalidad.

Finalmente, también se puede *optar* o no por la **existencia de nivel final**, siempre que los puntos-nD no pierdan su dimensionali-

---

[1] Este es el criterio que aplicaremos para diferenciar entre *opción de diseño* (capítulo 2, pág. 34) y *axioma*. Ambos son *supuestos matemáticos*, pero las opciones de diseño establecen algo que es teóricamente accesible y verificable por los observadores internos y/o procedimientos discretos, mientras que lo establecido por los axiomas es teóricamente inaccesible para ellos.

[2] Una característica que normalmente exigimos a los axiomas es que "sean evidentes de por sí", para que los observadores podamos aceptarlos sin mayor problema.

dad, en cuyo caso, la presencia de un nivel final en la escala es necesaria.

Axiomas de accesibilidad

La presencia del *salto al infinito* obliga a establecer los **axiomas de accesibilidad**, pues este distintivo matemático supone la presencia de un segmento escalar que es teóricamente inaccesible (el *segmento infinito*), por encontrarse infinitamente alejado en la escala global y, asimismo, ha de ser inaccesible por razones de coherencia matemática. Vean que si los segmentos discreto e infinito tuviesen las mismas características y accesibilidad, no tendría sentido hablar de dos segmentos distintos. Por tanto, si algo caracteriza al segmento infinito, que lo diferencia del segmento discreto, es su *inaccesibilidad teórica*, es decir, la imposibilidad teórica de que los procedimientos discretos y observadores internos alcancen los niveles escalares ubicados en el segmento infinito.

Ahora bien, si queremos trabajar con el *segmento infinito* (de lo contrario, no tendría sentido suponer su existencia), necesitamos acceder a él de algún modo. Vean que los observadores somos procesadores de información, y *la información que proporciona el segmento infinito a los observadores internos es nula*, precisamente por ser inaccesible. Por consiguiente, no queda otro remedio que *atribuirle propiedades (información)* que, por lógica y/o sentido común, se infieren de las propiedades del segmento discreto. Los llamados *axiomas de accesibilidad* [al *infinito continuo*] deben aceptarse como *verdades básicas y evidentes, relativas a la información que es inaccesible de forma teórica*. Veamos qué axiomas corresponden a la opción de implantación matemática A.

Sistema axiomático A

Comenzando con los *axiomas de existencia*, como el *paso al infinito* establece dos segmentos escalares bien diferenciados, uno teóricamente accesible para los observadores internos, y otro sin acceso teórico para ellos, entonces

Axioma I: El *paso al infinito* divide la escala global en dos segmentos escalares: el *segmento discreto* (o *segmento accesible*) y el **segmento infinito** (o *segmento inaccesible*).

CAPÍTULO SIETE

Por otro lado, como los puntos-1D en los EDE locales se subdividen indefinidamente, acorde con el orden de la escala, llega un momento *(paso al continuo)* en el que supuestamente se produce una "implosión dimensional", de modo que los puntos-1D se transforman en puntos-0D[1]. En consecuencia,

Axioma II: Con el *paso al continuo* los puntos-1D pierden su dimensión, convirtiéndose en puntos-0D.

Corolario: El *paso al continuo* implica la existencia de un *nivel final*, ya que la subdivisión espacial de los puntos-0D carece de sentido[2].

El espacio local *tiene en el nivel final las mismas características que el espacio euclidiano unidimensional*, por lo que, en adelante, lo llamaremos **Espacio Final Euclidiano (EFE)**.

Pasando ya a los *axiomas de accesibilidad,* si las secuencias numéricas etiquetan los puntos-1D en los EDE locales del segmento discreto, cuando alcanzan el segmento infinito, que para entonces ya tienen infinitas cifras, lo más lógico es que también etiqueten los puntos-0D del nivel final. En definitiva,

Axioma III: Cada secuencia numérica de infinitas cifras etiqueta (direcciona) a un único y diferente punto-0D del EFE[3].

Además, como dos secuencias numéricas en el *segmento discreto* son distintas si difieren en alguna cifra, es de suponer que en el segmento infinito suceda algo parecido, por lo que

---

[1] Como ahora se admite la existencia del *infinito continuo,* otra opción es suponer que los puntos-0D son la materia prima de los puntos-nD, de modo que, al realizar la subdivisión espacial, sólo queda un punto-0D por celda en el *salto al continuo.*

[2] Parece una contradicción (o una ironía) que el desglose escalar deba tener *infinitos niveles* y que, al mismo tiempo, la escala global *deba ser internamente cerrada.* No obstante, el infinito *no es una cantidad,* sino una "cualidad" o *ente matemático* en el cual, si se consiguiese llegar a él, encontraríamos que existe un nivel final, al menos en este caso.

[3] Como las perpendiculares escalares son paralelas, este axioma está refrendado por el quinto postulado de Euclides. Además, coincide con lo establecido por la *geometría analítica* en la MC.

Axioma IV: Dos secuencias numéricas de infinitas cifras, que sean idénticas en el segmento discreto, serán distintas si se diferencian en alguna cifra en el segmento infinito.

Por último, el valor numérico asociado a las secuencias en un EDE local del segmento discreto es igual al total de puntos-1D que hay desde el origen, hasta el punto-1D cruzado por la perpendicular escalar, exclusive. Por lógica, esta ley se mantiene en el infinito. Así,

Axioma V: El valor numérico asociado a una secuencia numérica de infinitas cifras, evaluada en el nivel final, es igual al total de puntos-0D que hay desde el origen del EFE hasta el punto-0D etiquetado por la secuencia numérica, exclusive.

Según vemos, los tres últimos axiomas proporcionan, como su nombre indica, *accesibilidad numérica* a los puntos-0D del EFE y, por ende, a cualquier punto-1D del segmento infinito[1], suponiendo que los haya. Ahora bien, como los espacios locales de este segmento carecen de *accesibilidad teórica*, los axiomas indicados proporcionan **accesibilidad axiomática**[2]. Por lo tanto, tal como se ven las cosas desde este lado de la barrera, cuando la geometría euclidiana afirma que "por un punto dado pueden trazarse infinitas rectas o planos", *el acceso* [teórico] *a dicho punto es axiomático*[3].

Idoneidad del sistema axiomático A

A partir de la información que proporciona el *segmento discreto* de la escala, hemos inferido los axiomas que establecen el comportamiento de las secuencias numéricas (y del sistema de numeración) en el infinito continuo. Ahora que disponemos de esta herramienta básica, llega el momento de verificar si facilita los resultados esperados.

En primer lugar, ¿es el EFE compatible con el espacio euclidiano tradicional? La respuesta es sí, pues los puntos-0D son numéricamente accesibles (axiomas III y IV) y la métrica es la misma, es decir, se

---

[1] Antes de suceder el *paso al continuo*.

[2] Es fácil encontrar sinónimos para este término. También podríamos decir, p. ej., *accesibilidad hipotética, aparente, imaginaria,* etc.

[3] La MC no diferencia entre la accesibilidad teórica y axiomática de los puntos-0D.

pueden medir distancias y longitudes (al menos en teoría[1]) utilizando para ello el valor asociado a las secuencias numéricas (axioma V), tal como se hace en los espacios euclidianos unidimensionales[2].

Por otra parte, ¿concuerda la recta numérica continua inferida con la definida por la MC?

De los axiomas anteriores se deducen algunas conclusiones. Por ejemplo,

Corolario 1: Todas las secuencias numéricas son terminales.

Este corolario implica la existencia de *números reales,* semejantes a los definidos por la MC, pero no iguales.

Corolario 2: Dos secuencias numéricas distintas, de infinitas cifras, etiquetan puntos-0D diferentes en el EFE.

Corolario 3: El valor numérico asociado a dos secuencias numéricas de infinitas cifras (evaluadas en el EFE) *es distinto si éstas difieren en alguna de las cifras que aportan valor numérico.*

Corolario 4: Las *secuencias extremas* (nula y CB-1) direccionan el primer y último punto-0D del EFE, respectivamente.

Corolario 5: Las secuencias numéricas *evaluadas* y *valoradas* en el EFE son índices escalares (o números naturales).

Corolario 6: En relación con el corolario anterior, la secuencia vm etiqueta el segundo punto-0D del EFE y, en consecuencia, *apreciada localmente* su valor numérico es 1.

Estas conclusiones dejan claro que, si bien se trabaja con puntos-0D en el EFE, se manejan de manera netamente discreta, es decir, los índices escalares en esta recta numérica indexan los puntos adimensionales de la misma forma que los dimensionales. Por tanto, no puede ser la misma recta continua que conocemos en la MC. Basta con

---

[1] En la práctica, cualquiera que sea el contexto espacial, es imposible utilizar infinitas cifras para medir algo.

[2] Recordemos que, gracias a que la escala es regular y uniforme, la distribución de los puntos-0D en el EFE es homogénea, igual que sucede, por definición, en los espacios euclídeos tradicionales.

ver en el último corolario que $vm_\infty \equiv \varepsilon = 1$, contradiciendo lo indicado arriba, es decir, que ε es un *infinitésimo*[1], de modo que $\varepsilon < 1$.

Además, como la MC afirma que 0,9... = 1.0..., es obvio que este resultado contradice el *corolario* 3, pues dos secuencias numéricas distintas (en las cifras que aportan valor numérico) *tienen el mismo valor numérico asociado*. Esta última contradicción es suficiente para afirmar, de forma categórica, que la recta continua que se deriva del *sistema axiomático A no coincide plenamente con la recta real que define la MC*. ¿Significa esto que una de las dos rectas numéricas no puede ser válida?

La MC prueba que 0,9... = 1 mediante demostraciones de diversa naturaleza, principalmente de tipo algebraico, analítico y/o por *construcción de los números reales*. Aunque los argumentos algebraicos no convencen cuando se analizan en el contexto de la escala global[2], no hay por qué dudar de las demostraciones de otro tipo, en especial de aquellas fundamentadas en la *construcción de los reales*, desarrolladas y verificadas hasta la saciedad por grandes matemáticos[3].

Estas demostraciones, basadas en el *valor numérico* de las secuencias, en las *relaciones de orden* y en la *teoría de conjuntos*, aparte de demostrar que 0,9... = 1, vienen a corroborar algo que ya sabemos: si se siguen fielmente los principios establecidos en un sistema axiomático se llega a un puerto matemático, y si esos principios se modifican convenientemente entonces se llega a otro. Lo interesante de esta

---

[1] Actualmente, los *infinitésimos* (ε) están en desuso en el *análisis estándar* debido, principalmente, a que no pueden ser números, pues vm_j es la cantidad mínima que se puede representar en un sistema de numeración y, según hemos visto, sucede que $\varepsilon < vm_j$.

[2] Una de las demostraciones habituales llega a la conclusión de que 0,9... = 1, al asegurar que, si $x = 0,9...$, entonces $10x = 9,9...$, por lo que restado la primera igualdad de la segunda se llega a que $9x = 9$ y, de aquí, que $x = 0,9... = 1$. Esta demostración manipula la secuencia 0,9..., atendiendo a los intereses del observador (como si estuviese calculando beneficios), sin preservar la homogeneidad escalar de los operandos y del resultado (pág. 55). Prescindiendo de la *valoración global* de la CB-1 que haga el observador (que no pinta nada en este asunto), si se respeta la homogeneidad escalar, la diferencia entre dos secuencias CB-1 es obviamente 0.

[3] Dos de las más valoradas de este tipo se conocen como *cortaduras de Dedekind* y como *sucesiones de Cauchy*.

cuestión es que, si no aparecen contradicciones internas, las conclusiones obtenidas a partir de los respectivos sistemas axiomáticos, aunque difieren, *son coherentes y válidas en sus mutuos contextos*. Por tanto, la respuesta a la pregunta de arriba es que ambas rectas numéricas son simultáneamente viables. Más adelante hablaremos sobre cuestiones relacionadas con este tema.

Ante el resultado adverso que supone no encontrar una recta numérica igual a la recta real, es posible adoptar dos posturas diferentes, como mínimo. Por un lado, podríamos intentar *modificar el sistema axiomático A* agregando, quitando y/o variando algún axioma[1], hasta conseguir, si fuera posible, la coincidencia de ambas rectas. Otra posibilidad sería probar con alguna *opción de implantación* distinta de la A.

Eligiendo la primera opción, es bastante improbable que se pueda llegar a la recta real de la MC, con un sistema axiomático que no contradiga alguno de los principios básicos que rigen en el diseño del segmento discreto. Por consiguiente, habría que prescindir de éste y probar con sistemas axiomáticos inferidos directamente de las características del espacio continuo, y de la *teoría de conjuntos axiomática,* como hace la MC. ¿Qué sucedería si se deja tal cual el sistema axiomático A?

En ese caso tendríamos que seguir adelante para verificar hasta dónde se puede llegar sin contradicciones por este camino, es decir, hacer algo parecido a lo que hicieron los desarrolladores de las *geometrías no euclidianas*. Es muy probable que acabásemos desarrollando "otra matemática" que, de momento, llamaremos **MCE** (**M**atemática **C**ontinua **E**uclidiana). En principio, esta matemática alternativa sería diferente de la MC (proviene de una jerarquización descendente y sus respectivas rectas numéricas no coinciden) y, asimismo, sería

---

[1] Por ejemplo, se podría probar añadiendo un nuevo axioma que afirmase que, tras el paso al continuo, una misma secuencia numérica etiquetaría varios, muchos o infinitos puntos-0D. Aunque este axioma no encaja bien con las ideas que promulga la geometría analítica, al menos se perdería la naturaleza discreta de la recta numérica que hemos definido. Sin embargo, axiomas como este no se pueden inferir a partir de la información que proporciona el segmento discreto.

distinta de la MDI, aunque con grandes posibilidades de ser tan coherente y válida como ellas. Todo es cuestión de ponerse manos a la obra y ver qué sale[1].

Por nuestra parte, desistimos de conseguir una recta numérica, a partir del sistema axiomático A, que sea igual a la recta real, por lo que directamente pasamos a estudiar cómo es la recta numérica que surge con la *opción de implantación B*.

Opción de implantación matemática B

Si en la *jerarquización espacial descendente* elegimos la opción B (capítulo 1, pág. 23), los observadores internos *deben suponer* que, como en el caso A, existe un límite *(paso al infinito)* a partir del cual los espacios locales y puntos-1D quedan teóricamente vedados para ellos. No obstante, ahora no existe el *paso al continuo,* así que los puntos-1D del espacio conservan su dimensión en todo momento. En consecuencia, como no se dispone de una cantidad infinita de puntos-0D, no tiene sentido intentar definir una recta numérica que se parezca a la recta real de la MC.

La recta numérica que surge aplicando los distintivos matemáticos de la opción de implantación B es el punto de partida hacia una nueva matemática [de clase discreta] que, en adelante, llamaremos **matemática transfinita isodimensional** (**MTI**), que es distinta de la MC, de la MDI y de la MCE mencionada arriba. Veamos entonces cómo ha de ser la recta numérica de la MTI.

Características de la recta infinita

En la definición de la recta numérica de la MTI es inevitable repetir algunos pasos y conceptos ya vistos. Aprovecharemos esta circunstancia para resumir las ideas clave que han ido apareciendo en el análisis de las rectas numéricas que proveen las matemáticas de clase discreta, es decir, las fundamentadas en la jerarquización espacial descendente.

---

[1] En principio, la MCE debería ser parecida o igual a la matemática que surge aplicando la opción de implantación B (que enseguida veremos), pues trabaja de forma discreta, aunque sea con puntos-0D.

La definición de la **recta** [*discreta*] **infinita** en la MTI también se encuentra muy ligada al *desglose o mapa escalar*. De hecho, la única y gran diferencia entre ambas rectas (la *discreta* de la MDI y la *infinita* de la MTI) radica en que esta última *establece el paso al infinito*, es decir, la jerarquización descendente del EDE-1D se lleva hasta el *infinito* [*continuo*]. ¿Qué implica esto?

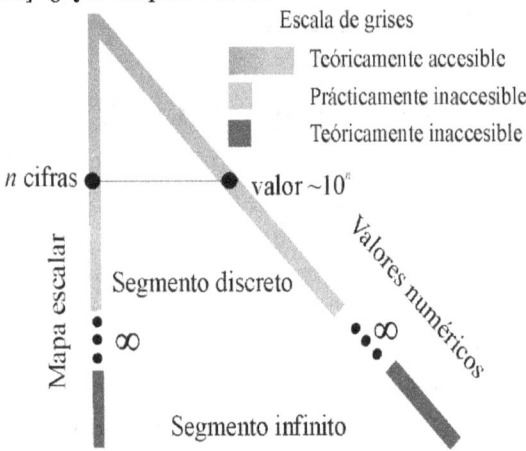

Figura 1: Segmentos discreto e infinito en la recta infinita

Ante todo, la presencia del infinito trae consigo un "vacío de información" (numérica y de todo tipo) sobre los **EDE locales infinitos (EDE-*li*)**, que tratan de solventar los observadores internos infiriendo sus características más probables, a partir de la información proporcionada por los EDE locales del segmento discreto. Según esto, en la escala global de la MTI hay dos segmentos escalares, caracterizados por la información que los observadores internos (del EDE-1D en este caso) disponen sobre ellos.

Por un lado está el *segmento* [*escalar*] *discreto*, establecido por *diseño y construcción*, y más abajo (escalarmente hablando) está el *segmento* [*escalar*] *infinito* (Figura 1), cuyas características se deducen a partir del *segmento discreto*, mediante un *sistema de supuestos lógicos* (y/o más probables, según se mire) llamados *axiomas*. Por otra parte, puesto que entre ambos segmentos se interponen infinitos niveles escalares, no es posible que los observadores internos, o los procedimientos discretos (capítulo 4, pág. 51), *accedan al segmento infinito*[1]. Así, sólo los *observadores externos* tienen *acceso teórico* a los EDE-*li*.

Respecto a la dimensionalidad de los *puntos espaciales* en los EDE-*li*, por lógica y sentido común, conviene que en la *recta infinita* no sucedan "cosas raras", como la "implosión dimensional" de los puntos-1D, que implicaría la existencia de EDEs-*li* con puntos dimensionales en un nivel, y adimensionales en el siguiente. Para eliminar de un plumazo estas "anomalías estructurales" que afectan a la naturaleza dimensional de los puntos-nD en los EDE locales se establece, por definición, que no existe el *paso al continuo*.

Por otro lado, aunque está claro que la MTI difiere de la MC, nos interesa que ambas matemáticas se parezcan, pues la MC es nuestra referencia común, por lo que también implantaremos el *sistema numérico de los reales* en la MTI. Para ello, basta con establecer que la escala global sea *cerrada por ambos extremos*, lo que implica la existencia de un *nivel final* en el segmento infinito[2].

Ahora que conocemos los aspectos estructurales deseables para el segmento infinito, trataremos de incorporarlos, explícita o implícitamente, en un sistema axiomático.

Sistema axiomático B

Los *axiomas de existencia* en la opción de implantación B son muy parecidos a los que vimos arriba. Así,

Axioma I: El *paso al infinito* divide la escala global en dos segmentos escalares: el *discreto* y el *infinito*.

Axioma II: No existe *paso al continuo,* luego los puntos-1D conservan su dimensión a lo largo de toda la escala global.

---

[1] Según lo indicado arriba, si los observadores internos pudieran acceder al *segmento infinito* desde el *segmento discreto*, también obtendrían información de él. Por tanto, no tendría sentido diferenciar ambos segmentos. En consecuencia, *el reconocimiento explícito del segmento infinito lleva implícita su inaccesibilidad teórica para los observadores internos.*

[2] Es evidente que los reales que se definen en la MTI no son de la misma naturaleza que los definidos por la MC. En ambos casos son secuencias terminales, pero por razones diferentes.

Axioma III: Existe un EDE-*li terminal*, es decir, la escala global es internamente cerrada[1].

En cuanto a los *axiomas de accesibilidad,* son los mismos que en la opción A, de modo que,

Axioma IV: Cada secuencia numérica de infinitas cifras etiqueta a un único (y distinto) punto-1D, en un EDE-*li* dado.

Axioma V: Dos secuencias numéricas infinitas, que sean idénticas en el segmento discreto, serán distintas si se diferencian en alguna cifra en el segmento infinito.

Axioma VI: El valor numérico asociado a una secuencia de infinitas cifras, evaluada en un EDE-*li* cualquiera, es igual al total de puntos-1D que hay desde el origen del EDE-*li*, hasta el punto-1D etiquetado por la secuencia numérica, exclusive.

Según vemos, los sistemas axiomáticos A y B son muy parecidos, salvo en el *paso al continuo*.

Los corolarios que se derivan son similares a los de arriba. Así,

Corolario 1: Todas las secuencias numéricas son terminales.

Corolario 2: Dos secuencias infinitas distintas etiquetan dos puntos-1D diferentes, en un mismo EDE-*li* (del IV).

Corolario 3: El valor numérico asociado a dos secuencias infinitas, evaluadas en un mismo EDE-*li,* es distinto si difieren en alguna de las cifras que aportan valor numérico (del V y VI).

Corolario 4: Las secuencias infinitas, *evaluadas* y *valoradas* en un EDE-*li*, son números naturales o índices escalares (del VI).

Idoneidad del sistema axiomático B

Aunque la MC y la MTI son también irreconciliables en algunos aspectos teóricos (como la existencia de puntos-0D), en la práctica se comportan de modo similar. Así, independientemente de que los pun-

---

[1] Recordemos que este axioma es opcional, ya que la presencia de los reales (tipo MC) en una matemática también lo es. Más adelante veremos que la MDI es plenamente operativa sin la presencia de los números reales, es decir, trabajando exclusivamente con un segmento discreto *internamente abierto*.

tos espaciales sean dimensionales o adimensionales, la métrica es la misma en los espacios euclídeos y en los EDE-li[1]. Por otro lado, el hecho de que la MC afirme que 0,9... = 1, mientras que la MTI indique lo contrario (0,9... ≠ 1), es sin duda una discrepancia conceptual insalvable que, sin embargo, en la práctica es fácilmente resoluble.

En efecto, desde el punto de vista de la MTI es inaceptable que el valor de la secuencia extrema CB-1 pueda ser idéntico al de la *secuencia nula* en la escala local adyacente, con valor de referencia en la raíz igual a 1. Esta afirmación carece de sentido, pues según la Tabla 4 (capítulo 4, pág. 60), resulta que 09...∞9 + vm = $\overline{1 + 00...\infty 0}$, siendo la vm = 00...∞1. No obstante, ¿y si suponemos que un observador interno *valora* la igualdad 09...∞9 + vm = $\overline{1 + 00...\infty 0}$ desde la raíz de la escala?

En tal caso *(estimación global,* capítulo 5, pág. 76), el valor de la CB-1 *apreciado* por el observador sería 0,9...∞9; la *valoración* de la vm sería $1/10^{\infty}$ y, por último, la valoración de la secuencia nula en la escala adyacente (con r = 1) sería 1,0...∞0. La igualdad con valoración global continúa siendo cierta, es decir, para el observador 0,9...∞9 + $1/10^{\infty}$ = 1,0...∞0. Ahora bien, según argumentan algunas demostraciones de tipo analítico en la MC, para un observador ubicado en la raíz de la escala, el valor $1/10^{\infty}$ de la vm *es insignificante* (o directamente nulo), por lo que la igualdad anterior se convierte en 0,9...∞9 ≈ 1,0...∞0 que, desde el punto de vista utilitario de la MTI, es justo lo que afirma la MC, pero ésta se lo toma más en serio asegurando que, desde la perspectiva teórica, 0,9... = 1.

---

[1] Una métrica idéntica implica que los espacios euclidianos con puntos-nD o puntos-0D se pueden considerar iguales en la praxis diaria. Sin embargo, en la MTI los puntos son dimensionales, lo que hace que, en principio, su métrica sea invariante ante la curvatura, mientras que en la MC no lo es. Recordemos que en la MDI, la invariancia de la métrica ante la curvatura no guarda relación con el hecho de que las líneas paralelas se crucen o no.

8 Contando números

Procesos meta-numéricos

Cuenta una leyenda mate-mitológica que, en tiempos remotos, un *observador externo* llamado *Helisonte* condenó a *Micaleso, observador interno* del EDE-1D, a recorrer eternamente los EDE locales de la *recta discreta,* con la obligación de etiquetar de forma diferente los puntos-1D en los distintos niveles escalares, asignando además un *valor numérico* distinto a cada etiqueta, en un EDE local determinado. Para asegurarse de que todos los puntos-1D de la recta discreta quedaban indexados, Helisonte trazó la siguiente hoja de ruta:

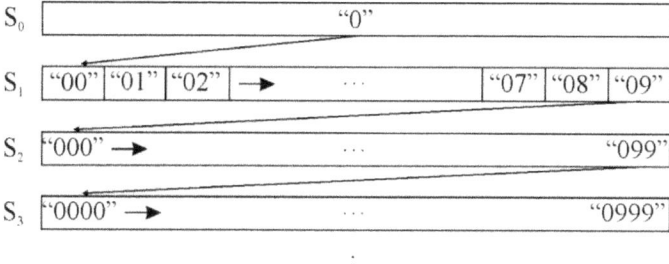

Figura 1: Hoja de ruta de Helisonte

Si el desventurado Micaleso hubiese seguido este plan de ruta, la asignación de valores numéricos a las etiquetas, expresados en números romanos (en vez de palotes[1]) habría quedado como:

S_0: "0";
S_1: "00"; "01" ← I; "02" ← II; "03" ← III; ⋯; "08" ← VIII; "09" ← IX
S_2: "000"; "001" ← I; "002" ← II; ⋯; "098" ← XCVIII; "099" ← XCIX
S_3: "0000"; "0001" ← I; ⋯; "0998" ← CMXCVIII; "0999" ← CMXCIX
⋯

---

[1] En lugar de números romanos podríamos utilizar la notación al uso, o sea, *"c"* ← [*"c"*]. Sin embargo, queda más literario e intuitivo de este modo, pues los primeros números romanos no dejan de ser grupos de palotes. Por contra, el valor nulo queda sin asignar a las secuencias "0...0".

Afortunadamente para él, incluso a Helisonte le pareció excesivo que Micaleso tuviera que reiniciar la asignación de valores numéricos en cada descenso escalar, por lo que expuso el problema a un célebre filósofo llamado *Zenón*, que modificó la hoja de ruta de Helisonte para que Micaleso no se viese obligado a repetir los valores numéricos asignados previamente a las etiquetas en los niveles superiores. El plan de ruta que trazó Zenón para Micaleso quedó como sigue:

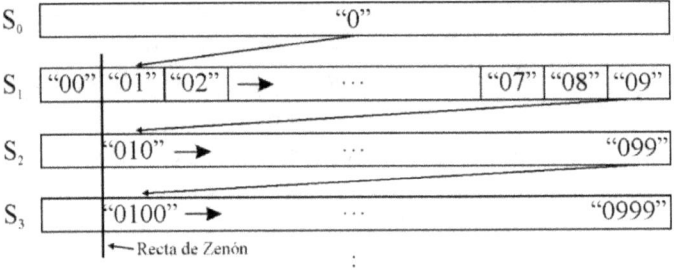

Figura 2: Plan de ruta de Zenón

La hoja de ruta de *Zenón*[1], que según otra leyenda mito-matemática fue el origen de la sucesión de los números naturales, liberó a Micaleso de tener que reasignar los mismos valores a las secuencias de indexación, cada vez que descendía de nivel escalar. En efecto, gracias a que la escala es regular y uniforme, todos los valores asignados en el nivel previo se encuentran a la izquierda de la **recta de Zenón**[2]. Con este nuevo plan de ruta, la asignación de valores que Micaleso debería efectuar quedaba como:

S_0: "0";
S_1: "01" ← I; "02" ← II; "03" ← III; ⋯; "08" ← VIII; "09" ← IX
S_2: "010" ← X; "011" ← XI; ⋯; "098" ← XCVIII; "099" ← XCIX
S_3: "0100" ← C; ⋯; "0998" ← CMXCVIII; "0999" ← CMXCIX
⋯

Los *procesos meta-numéricos* de *Helisonte* y *Zenón,* que sirven, según acabamos de ver, para "crear" los índices escalares (y números

---

[1] El *Zenón* que ayudó a *Helisonte* y a *Micaleso* (personajes inspirados en el *mito de Sísifo*), nada tiene que ver con el filósofo *Zenón de Elea* ≈(490-430) a. C. Su nexo común es la *navegación espacial* y *escalar*, pues la paradoja de *Aquiles y la tortuga* también se fundamenta en ellas.

[2] Esta línea virtual no es una perpendicular escalar, pues no representa a ninguna secuencia de indexación.

naturales) son de *naturaleza absoluta*. Así, aunque el proceso de Zenón evita a Micaleso reasignar valores numéricos repetidos, no le exime de tener que reunir la cantidad de palotes necesarios (valor numérico) para asignar a una etiqueta dada.

El proceso meta-numérico "propuesto" por *Peano*[1] para crear los naturales es de *carácter relativo*, pues el valor numérico que se asigna a una etiqueta se obtiene a partir del valor numérico asignado a la etiqueta precedente. Así, como [*"k"*] es el valor numérico de la etiqueta *"k"* se tiene que

S_0: "0" ← ["0"]
S_1: "01" ← ["0"] ‡ I; "02" ← ["01"] ‡ I; ···; "09" ← ["08"] ‡ I
S_2: "010" ← ["09"] ‡ I; "011" ← ["010"] ‡ I; ···; "099" ← ["098"] ‡ I
···

donde [*"k"*] ‡ I indica que el valor numérico que se asocia a la secuencia de indexación es igual al valor numérico (total de palotes o puntos-1D) de la etiqueta previa, después de agregar un nuevo palote[2]. En términos de la MDI, [*"k"*] ‡ I establece que se realiza una *variación aditiva mínima* sobre el *módulo base* indexado por k (capítulo 4, pág. 53), luego no hay inconvenientes teóricos para que [*"k"*] ‡ I ≡ $k + 1$.

En definitiva, la mecánica de creación de los naturales en el **proceso de Peano**[3] coincide con la del *proceso de Zenón*, pero aplicando un *planteamiento incremental* a la hora de generar y asignar el valor numérico a las secuencias de indexación.

Contando números naturales

¿Para qué sirven en la MDI (o en la MTI) los procesos meta-numéricos descritos en la sección anterior? Aparte de su valor teórico, en principio no sirven de mucho, pues los números surgen del diseño, construcción y etiquetado de los EDE-nD (capítulo 3, pág. 48). No obstante, los

---

[1] *Giuseppe Peano* (1858-1932).

[2] En el contexto de los conjuntos, la interpretación de [*"k"*] ‡ I sería "añadir un nuevo elemento (palote) al conjunto *"k"*, cuyo cardinal es | *"k"* |". Por tanto, ‡ es el operador de agregar elementos a un conjunto y [*"k"*] representa al conjunto *"k"* mediante su cardinal.

[3] Como vemos, el *proceso de Peano* viene a ser la interpretación dinámica de uno de los axiomas del *sistema axiomático de Peano*.

procesos meta-numéricos inspiran la definición de dos procesos discretos que "cuentan" los números naturales que hay en el *segmento discreto*. Aunque su definición algebraica es la misma ($n_{t+1} = n_t + 1$), pues ambos heredan la naturaleza incremental del *proceso de Peano*, conceptualmente son distintos.

Así, el primero de ellos, que llamaremos *contador incremental global* (CIG), combina la navegación escalar y espacial siguiendo la hoja de ruta Zenón. Es un *proceso interminable* que proporciona a los *observadores internos* la cantidad de números naturales diferentes que hay en el segmento discreto, *hasta el inevitable momento de la interrupción*. El segundo, basado en la navegación espacial pura, se limita a contar los números naturales de un EDE local ubicado en el infinito discreto. Este *contador incremental local* (CIL) es asimismo un *proceso interminable* al servicio de los *observadores internos*, por lo que, tarde o temprano, también se interrumpe. ¿Qué sentido tiene contar números naturales en el segmento discreto?

Las pruebas de Obin

Para entender qué interés puede tener el recuento de números naturales veamos las pruebas que realizó un **ob**servador **in**terno, llamado *Obin*, en el segmento discreto.

Primera (y última) prueba empírica de Obin:

o Objetivo: *Verificar empíricamente si la cantidad de números naturales en el segmento discreto es finita o no.*

Para ello, Obin ejecutó el proceso CIG en un ordenador, con $n_0 = 0$. Como el proceso sólo se detendría cuando se agotasen los números naturales del segmento discreto, pasado cierto tiempo Obin tuvo que *interrumpirlo*, lo que implicó la obtención de un resultado temporal (parcial) y, por lo tanto, inconsistente.

✓ Conclusión de Obin: *No parece posible probar, de forma empírica, si la cantidad de números naturales del segmento discreto es finita o no.*

Primera prueba teórica de Obin:

o Objetivo: *Decidir de forma teórica si la cantidad de números naturales en el segmento discreto es inagotable.*

Obin realizó esta prueba analizando el proceso CIG, llegando a la conclusión de que *todo número natural n tiene un sucesor*. Por tanto, por muy grande que sea n, siempre habrá un número natural mayor. Puesto que le pareció una conclusión razonable, Obin quedó convencido de que los números naturales del segmento discreto son *inagotables*.

- ✓ Conclusión de Obin: *La cantidad de números naturales que hay en el segmento discreto es inagotable,* o bien *ilimitada,* si se considera el tiempo en activo de observadores y procedimientos discretos.

Segunda prueba teórica de Obin:
- o Objetivo: *Averiguar si el conjunto de los números naturales pares en la recta infinita es numerable.*

Como Obin sabía que las pruebas empíricas de este tipo no conducen a resultados concluyentes, decidió plantear directamente pruebas teóricas, pero probando primero en un terreno seguro.

Entonces, puesto que no hay razones teóricas que impidan establecer una *correspondencia uno a uno* entre los naturales y los números pares del *segmento discreto,* de forma que

$$\begin{array}{ccccccccc} 1 & 2 & 3 & 4 & 5 & 6 & \cdots & n & \\ \updownarrow & \updownarrow & \updownarrow & \updownarrow & \updownarrow & \updownarrow & & \updownarrow & \cdots, \\ 2 & 4 & 6 & 8 & 10 & 12 & & 2n & \end{array}$$

parece evidente que los números pares son numerables.

Animado por este resultado en el segmento discreto, Obin se propuso verificar si el mismo razonamiento servía para la *recta infinita* de la MTI, por lo que planteó la correspondencia biunívoca

$$\begin{array}{cccccccc} 1 & 2 & 3 & 4 & 5 & & & n \\ \updownarrow & \updownarrow & \updownarrow & \updownarrow & \updownarrow & \cdots & \infty & \cdots & \updownarrow \\ 2 & 4 & 6 & 8 & 10 & & & 2n \end{array}$$

Tampoco encontró impedimentos teóricos que refutasen este planteamiento.

CAPÍTULO OCHO

A raíz de estos resultados Obin llegó a una conclusión y a un *postulado*[1]. La conclusión fue que los números naturales pares en el segmento discreto son numerables y, el postulado, que los números naturales pares en el segmento infinito también serían numerables si fuesen teóricamente accesibles. Por consiguiente, los números pares en la recta infinita son numerables en ambos segmentos. ¿Algún resultado más? Pues sí.

A punto de dar por finalizada esta prueba (siempre ocurre así), Obin se percató de que se había dejado influenciar por las ideas y métodos de la matemática continua, sin darse cuenta de que la MC, cuando habla de *conjuntos infinitos numerables*, se refiere a conjuntos en los que *es posible contar "todos" sus elementos,* algo que *no es viable* en el segmento discreto de la MTI, donde *sólo se dispone de procedimientos discretos para contar.*

En efecto, en la fase inicial de su prueba, Obin pasó por alto el hecho de que *contar en el segmento discreto es siempre un proceso*, independientemente de que se implante en un ordenador, o se plantee como una correspondencia biunívoca sobre papel, pues el "factor tiempo" está presente en todos los casos. En consecuencia, el proceso contador de números pares dará "inagotables" *resultados parciales* y *nunca proporcionará un resultado final,* es decir, será incapaz de contar "todos" los números pares del segmento discreto. ¿Y los del segmento infinito?

Contar los números pares del segmento infinito mediante un procedimiento discreto tiene menos sentido, si cabe, que hacerlo en el segmento discreto. Sin embargo, cuando el *infinito continuo* está presente en una matemática, como en el caso de la MTI, lo habitual es dotarla con *métodos y técnicas de trabajo atemporales* (**procedimientos axiomáticos**)[2], similares a las que encontramos en la MC, *capaces de enfrentarse al infinito continuo*[1].

---

[1] El resultado de cualquier inferencia que haga un observador interno sobre el segmento infinito, a partir de la información disponible en el segmento discreto, sólo puede ser un axioma o postulado.

[2] La presencia o ausencia de los *procedimientos axiomáticos* en una matemática se puede plantear como un *distintivo matemático* más en las *opciones de implantación,* aumentando así el número de opciones disponibles, es

→

En consecuencia, si suponemos que la MTI admite *procedimientos axiomáticos*, entonces los números pares del segmento infinito *son numerables,* es decir, la conclusión que obtuvo Obin planteando la correspondencia biunívoca en el segmento infinito sería correcta. Por el contrario, si damos por hecho que sólo se dispone de *procedimientos discretos* para contar los números pares (del tipo CIG o CIL), entonces *no son numerables.* ¿Cuál fue la conclusión de Obin al respecto?

Puesto que las características de los segmentos discreto e infinito son iguales en la MTI y, además, como el sistema axiomático B no muestra indicios de la existencia de *procedimientos axiomáticos*, Obin decidió que la forma de contar los números en un segmento u otro sería la misma. En consecuencia, supuso (o sea, axiomatizó) que los números pares del segmento infinito, que son axiomáticamente accesibles, sólo se pueden contar hasta un momento dado t, como sucede en el segmento discreto, es decir, hasta el inevitable momento en el que los observadores, o los procedimientos, interrumpan la cuenta.

✓ Conclusiones y postulado de Obin: *No se pueden contar "todos" los números pares del segmento discreto, luego el conjunto de los números pares* ($\mathbb{P}$) *no es numerable en este segmento y tampoco en la recta infinita*. Como corolario, la cantidad de números pares en el segmento discreto y en la recta infinita es ilimitada.

Las reflexiones de Obex

Un **ob**servador **ex**terno, llamado *Obex*, desde su posición de observación aventajada, no perdió ripio de las pruebas realizadas por Obin, pero como no tenía acceso a sus pensamientos, no podía saber a qué conclusiones había llegado. Intrigado por cuáles serían éstas se puso a elucubrar sobre los posibles resultados obtenidos por Obin, bajo dos supuestos:

a) En sus deducciones, Obin aplicó *procedimientos discretos* y *axiomáticos*, o bien

b) Obin sólo utilizó *procedimientos discretos*.

---

decir, el total de matemáticas distintas. Sin embargo, se podría objetar que no tiene demasiado sentido dotar a una matemática de *infinito continuo,* sin admitir la existencia de procedimientos axiomáticos.

[1] Las correspondencias biunívocas "instantáneas" son un ejemplo.

Al contemplar ambos supuestos, Obex dio por sentado que todos los posibles resultados de Obin estaban cubiertos, es decir, daba por hecho que, de un modo u otro, llegaría a conocer las conclusiones de Obin, o al menos las más probables. No obstante, pasó por alto que sus reflexiones podrían quedar desvirtuadas debido a la **información privilegiada** *(disponible solamente por los observadores externos)* que tenía a su alcance. ¿Cuál era ésta?

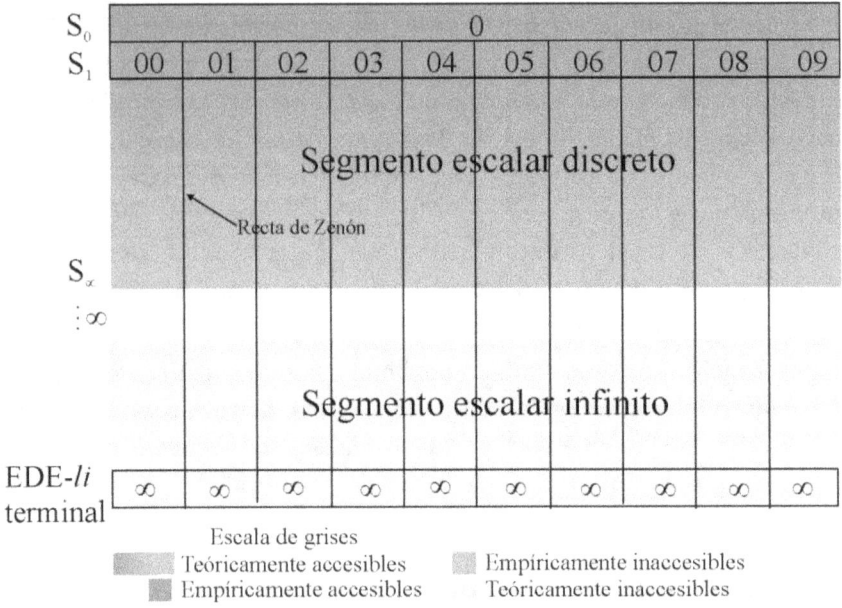

Figura 3: Mapa escalar de Obex sobre la recta infinita en la MTI

A Obex le gustaba organizar la *recta infinita* por *sectores,* tantos como el orden de la escala. Como habitualmente trabajaba en base decimal, su *mapa de la recta infinita* tenía el aspecto que muestra la Figura 3.

Como vemos, hay diez sectores y una cantidad infinita de puntos-1D en cada sector de los EDE-*li,* tal como aparece indicado en el EDE-*li* terminal. ¿Por qué sabemos que la cantidad de puntos-1D es infinita en cada sector de los EDE-*li*? Porque cada punto-1D está etiquetado con una secuencia numérica distinta de infinitas cifras. Por consiguiente, debe haber infinitos puntos-1D para ser etiquetados con las infinitas combinaciones de secuencias numéricas que se pueden formar. Además, basta con ver que el Sector 00 se encuentra a la izquierda de la *recta de Zenón,* lo que implica que contiene todos los índices del segmento discreto, más todos los infinitos índices del segmento infinito que finaliza en el nivel previo al EDE-*li* terminal.

En otras palabras, como la escala es regular y uniforme, el total de puntos-1D en S_∞ (nivel final) es 10^∞ *(base del EDE-li terminal)*. Por tanto, en el Sector 00, como en los restantes sectores del EDE-*li* terminal, la cantidad de puntos-1D es $10^\infty/10$ que sin duda es infinita[1].

Ahora que conocemos la *información privilegiada* a disposición de Obex, veamos a qué conclusiones llegó Obin, según Obex.

Reflexiones de Obex sobre las primeras pruebas de Obin:

- Dado el carácter empírico de la primera prueba, seguro que Obin no llegó a ninguna conclusión, y si obtuvo alguna sería trivial. *(Reflexión correcta)*.
- En cambio, como la *primera prueba teórica* se ciñó al ámbito del segmento discreto, está claro que Obin dedujo que la cantidad de números naturales en él *es inagotable,* pues no cabe otra posibilidad aplicando procedimientos discretos. *(Reflexión correcta)*.
- Además, como todos los números naturales del segmento discreto se encuentran en el Sector 00 del EDE-*li* terminal, es posible que Obin llegase a la conclusión de que *hay muchas más secuencias numéricas que números naturales. (Reflexión incorrecta)*.

Como sabemos, Obin no llegó a este resultado, pues no se puede obtener a partir de la primera prueba teórica. Por consiguiente, la *información privilegiada* jugó una mala pasada a Obex en este caso. Recordemos que, siguiendo otros caminos, Cantor sí llegó a una conclusión similar en el ámbito de la MC, pues dedujo que el cardinal del conjunto de los números naturales, indicado como $\aleph_0$, es menor que el cardinal del conjunto de los números reales c (o $\aleph_1$), o sea, $\aleph_0 < c$. Más adelante analizaremos esta cuestión.

Reflexiones de Obex sobre la segunda prueba de Obin:

Tal como ha planteado la segunda prueba, si Obin aplicó *procedimientos axiomáticos*, entonces:

---

[1] Que haya infinitos números en cada sector del EDE-*li* terminal implica que un procedimiento discreto (similar al CIL), que comenzase a contar los puntos-1D de un sector, *nunca llegaría al siguiente sector,* es decir, a base de contar, un sector es inaccesible desde otros sectores.

- Seguro que dedujo que en la recta infinita hay números naturales suficientes para contar *todos* los números pares. En consecuencia, es probable que Obin haya concluido que los números pares son *numerables. (Reflexión correcta)*.
- Además, también debió llegar a la conclusión de que *hay tantos números naturales como números naturales pares. (Reflexión correcta)*[1].

En cambio, si Obin basó sus deducciones exclusivamente en *procedimientos discretos*, entonces:

- La conclusión habrá sido que, al ser inagotables, no hay procedimiento discreto capaz de contar todos los números pares, es decir, sólo se pueden contar hasta un momento dado t. Por consiguiente, el conjunto $\mathbb{P}$ *no es numerable. (Reflexión correcta)*.

Vemos entonces que Obex, en sus reflexiones sobre los posibles resultados de Obin, llegó a dos conclusiones, *ambas correctas, pero contradictorias*, es decir, $\mathbb{P}$ *es numerable* si Obin aplicó procedimientos axiomáticos, o bien $\mathbb{P}$ *no es numerable* si los procedimientos fueron sólo discretos. ¿A cuál de las dos conclusiones llegaría Obin? Al desconocer Obex el criterio seguido por Obin, el resultado de la segunda prueba de Obin es para Obex *indecidible*.

Las evidencias de Obex

El interés de Obex por los resultados de Obin es sólo por mera curiosidad, pues cualquier conclusión de Obin es evidente, de por sí, para Obex, gracias a la *información privilegiada* que le proporcionan las dimensiones extra del EDE-nD, con $n \geq 3$, donde habita.

Así, sin necesidad de hacer ningún tipo de prueba, Obex sabe con toda certeza que en la recta infinita de la MTI se cumple que:

---

[1] Obex tiene su propia opinión al respecto que, como pronto veremos, no coincide con este resultado. Sin embargo, esta conclusión debe considerarse correcta, pues proviene de un observador interno (Obin). En general, los *procedimientos axiomáticos proporcionan* **verdades relativas** *a los observadores internos*, es decir, *conclusiones que son verdaderas para ellos, independientemente de si coinciden o no con el punto de vista de los observadores externos*. Más adelante ahondaremos en esta cuestión.

- Todos los números naturales, teóricamente accesibles para Obin, se encuentran en el Sector 00 del EDE-*li* terminal, junto con los restantes números naturales del segmento infinito que finaliza en el EDE-*li* previo al EDE-*li* terminal. Vean que el Sector 00 está delimitado por la *recta de Zenón* (Figura 3).
- Las secuencias numéricas, evaluadas y valoradas en el EDE-*li* terminal, son índices escalares (números naturales) semejantes a los índices escalares del segmento discreto (pág. 43). En consecuencia, *el total de números naturales y reales es el mismo.*
- La cantidad de números naturales que hay en el EDE-*li* terminal es, por construcción, *justo el doble que el total de números pares.*

9 Modeladores conceptuales

Introducción

Si hubiera que elegir entre la MC, la MCE, la MTI o la MDI ¿por cuál optaríamos? Vamos a facilitar las cosas descartando de entrada a la MCE, pues, además de no estar mínimamente desarrollada, sus características básicas aparecen en las otras tres[1]. Para decidirse por una de ellas habrá que buscar criterios que justifiquen la elección, considerando que, a priori, las tres matemáticas son válidas.

Modeladores de conceptos matemáticos

Como sabemos, diferentes reglas de juego dan lugar a juegos distintos. Nadie pone esto en duda, siendo algo que asumimos sin la menor objeción. No obstante, cuando se trata de las reglas del juego matemático las cosas no están tan claras.

En efecto, desde siempre hemos tenido la tendencia a pensar que la matemática es única o, visto de otro modo, *a creer que sólo es posible una matemática válida*, aunque admitamos la posibilidad de la existencia de puntos de vista diferentes sobre la misma matemática[2]. Sin embargo, la comunidad matemática se ha visto obligada a flexibilizar su postura al respecto en los dos últimos siglos, pues en el siglo XIX los matemáticos tuvieron que admitir la existencia de geometrías diferentes y, más tarde, ya en la segunda mitad del siglo XX, gracias a los trabajos de *Gödel*[3] y de *Cohen*[1] (por separado), de nuevo se vie-

---

[1] La MTI tampoco está desarrollada, pero queda como representante de las *matemáticas de clase discreta* que admiten el *infinito continuo*, por lo que, en este aspecto, representa a la MCE.

[2] Las escuelas de *filosofía matemática* (platonismo, intuicionismo, formalismo, etc.) vienen a corroborar este hecho, pues todas centran sus miradas *en la misma matemática*, aunque divergen en algunos aspectos y coinciden en otros.

[3] *Kurt Gödel* (1906-1978).

CAPÍTULO NUEVE

ron obligados a ceder en este terreno, teniendo que aceptar que pueden existir *varias teorías de conjuntos*, todas correctas, aunque generen resultados contradictorios.

Aunque la diversidad de geometrías y/o de teorías de conjuntos causó cierta inquietud entre los matemáticos teóricos, la situación fue finalmente asimilada por la MC. Así, hasta la fecha, sus fundamentos básicos no se han visto afectados de forma drástica, por lo que la matemática tradicional sigue siendo única, o lo ha sido hasta ahora, pues tras analizar, p.ej., los fundamentos de la MDI y de la MTI, está claro que la idea de la "existencia de una sola matemática válida" ya no se sostiene, al menos en parte. En efecto, un simple vistazo a los planteamientos y métodos utilizados en la MC y la MDI es suficiente para darse cuenta de que, en principio, *son matemáticas diferentes*. No obstante, también tienen muchos elementos (conceptos) comunes. ¿Entonces?

Para salir airosos de este galimatías, como mínimo se han de diferenciar dos aspectos de las matemáticas. Por una parte, está la *infraestructura y metodología matemática* (por llamarlo de algún modo) y, por la otra, los *conceptos matemáticos*. Así, las diferentes matemáticas (MC, MDI y MTI), aunque comparten conceptos, *todas tienen su propia infraestructura y metodología,* es decir, *implantan a su manera los mismos conceptos matemáticos*.

Según esto, respecto a las "distintas matemáticas" consideradas hasta el momento, es preferible asumirlas como *sistemas de modelado de conceptos matemáticos,* que llamaremos **modeladores conceptuales matemáticos** o **plataformas [matemáticas]**, de forma que cada plataforma modela, implanta, aplica, etc., los *conceptos matemáticos* según sus propios criterios. Por tanto, no se puede decir categóricamente que existan "distintas matemáticas", pues comparten muchos conceptos matemáticos, pero sí admitir la presencia de *diferentes plataformas matemáticas,* de igual modo que asumimos la coexistencia de distintos sistemas informáticos para modelar objetos, o de diferentes modelos físicos de gravitación. Desde luego, cabe la posibilidad de que algunos *modeladores conceptuales matemáticos* puedan ser más precisos, generales, sencillos, etc., que otros, es decir, que unos

---

[1] *Paul Cohen* (1934-2007).

Modeladores conceptuales

sean mejores que otros, pero si cumplen con su cometido básico, sin mostrar *inconsistencias* o *contradicciones,* entonces se pueden considerar *plataformas matemáticas válidas (funcionalmente aceptables).*

De todos modos, ¿cómo puede ser que haya dos plataformas válidas, cuando una afirma, p. ej., que hay más números reales que naturales, y la otra lo niega? O es verdad que hay más reales que naturales o es falso, por lo que una de las dos ha de estar en lo cierto y la otra no. Nada mejor que una analogía para ver por qué *ambos modeladores conceptuales pueden ser válidos.*

Como saben, en el *modelo heliocéntrico del Sistema Solar* la Tierra es un planeta *con rotación* que se traslada alrededor del Sol. Por su lado, el *modelo geocéntrico* sitúa a la Tierra en el centro del Universo de *modo estático*, con el resto de los astros girando, directa o indirectamente, a su alrededor. En consecuencia, en un modelo la Tierra gira y en el otro no lo hace. Puesto que hay una contradicción evidente entre ambos modelos ¿significa esto que uno de ellos es válido y el otro no? Si el modelo *geocéntrico* hubiese establecido que la Tierra gira, manteniendo su posición en el centro del Universo, habría sido un desastre de modelo desde el primer momento y, por lo tanto, nunca habría existido como tal. Sin embargo, gracias a la inmovilidad de la Tierra, a su manera estuvo haciendo previsiones sobre eclipses, y posición de los astros en general, durante varios siglos.

Aunque a todos nos gustaría desarrollar modelos o modeladores que describan o modelen la *verdad absoluta* sobre algo, esto no siempre es factible. Por tanto, lo que realmente se espera de los modelos y modeladores es que la *verdad relativa* que proporcionan se ajuste, lo máximo posible, a los hechos observados, aunque para ello sea necesario admitir que dos más dos son cinco, *si así se mantiene la coherencia interna del modelador* y de los resultados que proporciona. Tarde o temprano surgirá otro modelador, capaz de igualar y/o mejorar las predicciones sobre los mismos hechos, donde, además, dos más dos serán cuatro, por lo que acabará remplazando al modelador anterior.

En definitiva, que haya más números reales que naturales es la conclusión a la que *debe llegar* la MC para ser coherente consigo misma. En cambio, la MTI requiere la conclusión contraria para eludir la

CAPÍTULO NUEVE

incoherencia. ¿Cuál de las dos tiene razón?[1]. Más adelante veremos la respuesta.

En cuanto a los *conceptos matemáticos compartidos*, es decir, los que son comunes a todas las *plataformas matemáticas* (**conceptos** [*matemáticos*] **universales**), ¿cuáles son sus características? La muy raída analogía del "edificio matemático" es la que viene ahora en nuestra ayuda.

Aunque se diseñen edificios distintos (en forma, volumen, altura, etc.) hay "elementos comunes" que están, a buen seguro, presentes en sus respectivos diseños (muros, tabiques, techos, escaleras, etc.), si bien cada modelador (arquitecto) los incorpora según sus propios criterios y estilo. En cambio, otros elementos son opcionales (persianas, claraboyas, etc.), y su presencia en el edificio depende del modelador.

Llevando estas ideas al terreno de los "modeladores conceptuales de edificios matemáticos", resulta difícil imaginar una plataforma que no defina (modele) los números naturales. Por consiguiente, la idea de número natural sirve como ejemplo de *concepto matemático universal*, que ningún modelador conceptual matemático puede omitir, pero la forma de modelar los naturales puede variar de unas plataformas a otras. No obstante, hemos visto que otros conceptos, como el infinito [continuo], o los conjuntos infinitos que aparecen en la MC, no están en la MDI, de donde se concluye que son **conceptos** [*matemáticos*] **específicos** de cada plataforma matemática. Algunos de estos *conceptos específicos* son clave en la fundamentación de algunas plataformas matemáticas (**conceptos específicos fundacionales**) y en otras no, *marcando diferencias insalvables entre los modeladores conceptuales matemáticos*. Atendiendo a estas definiciones, debemos hacer una pausa para afianzar la terminología.

Sabiendo que el significado del término *"plataforma matemática"* no coincide exactamente con la idea que hay detrás de la palabra *"matemáticas"*, en adelante la MC, la MDI, etc., serán *distintas plataformas* [*matemáticas*] (o diferentes modeladores conceptuales matemáti-

---

[1] Es admisible que lleguen a postulados o conclusiones contradictoras para evitar la incoherencia interna, pero esto no invalida que un modelador pueda tener razón y el otro no, como sucede con los modelos heliocéntrico y geocéntrico.

cos), mientras que, cuando hablemos de *"matemáticas"*, la mayoría de la veces nos estaremos refiriendo a los *conceptos matemáticos universales genéricos*[1], aunque por tradición y flexibilidad también servirá, si el contexto lo permite, para designar a los *conceptos universales establecidos e interpretados en una plataforma matemática concreta*[2].

Interacción entre los modeladores

Por lo común, los *modeladores afines* (aquellos que cumplen cometidos similares) son capaces de modelar los mismos objetos, elementos o conceptos, es decir, lo habitual es que diferentes modeladores informáticos puedan modelar la misma silla, o que las teorías geocéntrica y heliocéntrica modelen el mismo Sistema Solar, o que la MC y la MTI modelen sistemas de numeración parecidos. Sin embargo, en ocasiones sucede que alguno de los modeladores es incapaz de dar respuesta a una cuestión o problema determinado, mientras que otro distinto sí. ¿Cómo repercuten estas situaciones en los modeladores?

Si no es posible mejorar los modeladores que "no dan la talla", entonces pueden acabar perdiendo su prestigio. Por ejemplo, la obtención de resultados empíricamente verificables mediante el modelo heliocéntrico, que el modelo geocéntrico es incapaz de proporcionar, acabó con la hegemonía de este último, pues no es posible modificar sus fundamentos básicos, es decir, la Tierra ha de continuar estática en el centro del Universo.

Entre los *modeladores conceptuales matemáticos* también podría suceder algo parecido, aunque hay que asegurarse de que *modelan el mismo concepto matemático*, antes de desacreditar a una plataforma matemática. Veamos un ejemplo.

---

[1] En una sencilla analogía, los instrumentos musicales son a la música, lo que las *plataformas matemáticas* son a las *matemáticas*.

[2] Así, al hablar de "las matemáticas de clase discreta" nos estaríamos refiriendo a los conceptos matemáticos universales, tal como se definen e interpretan en este tipo de plataformas matemáticas. Vean, por ejemplo, que la idea de *número complejo*, que es un *concepto universal*, se define e implanta de modo distinto en la MC y en la MDI (aunque el concepto es el mismo), por lo que éstas no sólo son plataformas distintas, sino también *matemáticas diferentes*.

CAPÍTULO NUEVE

Como vimos arriba, siendo coherente con sus planteamientos, la MC concluye que hay más números reales que naturales. Ahora bien, el cardinal de $\mathbb{R}$ en la MTI es el mismo que en la MC[1] y, como somos por fortuna observadores externos de la recta infinita, *tenemos la certeza de que la cantidad de números naturales y reales es la misma*[2]. Al ser este un resultado evidente en la MTI ¿significa que la MC está totalmente equivocada?

El sistema de números reales modelado por la MC *no coincide con ninguno de los proporcionados por las matemáticas de clase discreta*. Así, la MC considera diferentes a los números reales que admiten formato decimal (racionales e irracionales), de los que no (naturales y enteros). Por tanto, está claro que para la MC *no todos los números reales son naturales* (a diferencia de lo que sucede en la MTI[3]), de ahí que pueda haber más de unos que de otros. En definitiva, aunque el cardinal de $\mathbb{R}$ sea idéntico en ambas plataformas, éstas no se contradicen, pues los criterios que aplican son distintos.

Esta discrepancia conceptual con las matemáticas de clase discreta ¿puede afectar de algún modo a la MC? En lo que respecta a sus fundamentos, en absoluto. Como mucho, podría suceder que se ponga en tela de juicio la conveniencia de plantear cuestiones como la *hipótesis del continuo*[4] (o similares), sobre la cual, a partir de los trabajos de Gödel y Cohen, se llegó a la conclusión de que es *indecidible* en el contexto del sistema axiomático de *Zermelo-Fraenkel*. Desde la perspectiva de la MTI, tal hipótesis es *implanteable*.

---

[1] Cualquier número real imaginable en la MC tiene su correspondiente secuencia numérica en la *recta infinita* de la MTI, y viceversa, aunque no necesariamente con el mismo *valor numérico* asociado. Por tanto, el cardinal de $\mathbb{R}$ ha de ser el mismo en ambas matemáticas.

[2] De hecho, la MDI y la MTI dan toda la razón a *Leopold Kronecker* (1823-1891), ya que sólo existen los números naturales, pues la valoración que hagan los observadores de los números no afecta a su naturaleza.

[3] Conviene recordar que si hablamos de "números reales" en la MDI o en la MTI es sólo por compatibilizar conceptos con la MC.

[4] Esta hipótesis, planteada por Cantor, conjetura que no existe un conjunto infinito de números, cuyo cardinal sea mayor que el cardinal de los números naturales ($\aleph_0$), y menor que el cardinal de los números reales *(c)*.

Elección de los modeladores

Volviendo de nuevo con las tres plataformas que nos conciernen, intentaremos establecer criterios que permitan decidir cuál puede resultar más conveniente. Como la MC, la MTI y la MDI son, en principio, modeladores conceptuales válidos, para decidir si alguna de estas plataformas es preferible a las demás, lo único que se puede hacer es analizar sus respectivas *metodologías matemáticas*, es decir, las normas, métodos y conceptos establecidos por cada una de ellas para alcanzar sus objetivos de modelado conceptual.

Entonces, recordemos que la MC admite la existencia de *procedimientos axiomáticos,* lo que hace posible que *toda* la infinita información que proporcionan los conjuntos infinitos esté a nuestra disposición "instantáneamente"[1], o que se puedan contar todos los números pares de un plumazo, o bien llegar a la conclusión de que hay tantos números naturales como naturales pares[2]. Además, gracias a ellos también se concluye que es imposible contar todos los números que hay en $\mathbb{R}$.

En efecto, tomando como referencia el *argumento de la diagonal* de Cantor[3], después de crear una correspondencia biunívoca atemporal entre *todos* los números naturales y los reales[4], se descubre que existen secuencias numéricas que han quedado fuera de la correspondencia, esto es, sin emparejar con un número natural. Como *todos los números naturales están siendo utilizados en la correspondencia entre naturales y reales,* forzosamente se deduce que hay más números

---

[1] ¿Quién no la leído o escuchado alguna vez una frase como... "Sea $\mathbb{Q}$ el conjunto de [*todos*] los números racionales"?

[2] Al plantear la correspondencia biunívoca entre $\mathbb{N}$ y $\mathbb{P}$ (capítulo 8, pág. 110), la instantaneidad del proceso hace que los infinitos números naturales de $\mathbb{N}$ encuentren pareja en $\mathbb{P}$, y viceversa. La conclusión lógica es que hay tantos números naturales, como naturales pares. Dicho de otro modo, $\mathbb{N}$ y $\mathbb{P}$ tienen el mismo cardinal.

[3] Cantor afrontó de formas distintas la cuestión de la no numerabilidad de $\mathbb{R}$. Algunas de esas demostraciones se pueden considerar más rigurosas que el *argumento de la diagonal,* pero sin duda éste es el más conocido, por ser también el más controvertido.

[4] Ya hemos visto que esto es posible, gracias a que los números reales en la MC son terminales.

reales que naturales[1] y, por lo tanto, no hay forma de contar todos los números reales.

Por su lado, en la MDI *no existen procedimientos atemporales,* y la ley, norma o principio que rige es que cualquier información que se desee conseguir mediante *procedimientos discretos* lleva su tiempo y esfuerzo. En términos generales, *la cantidad de información que se obtiene de los* EDE-*n*D *depende, principalmente, del tiempo que se dedique a buscarla*[2]. La naturaleza temporal de los procedimientos discretos impide que el conjunto $\mathbb{P}$ sea numerable (pág. 113). Otro tanto ocurriría en la MTI si se descartan los procedimientos axiomáticos en el segmento infinito (como hizo Obin), lo que obligaría a interpretar de modo distinto la prueba o *argumento de la diagonal*.

Así, si un proceso discreto como el CIL (capítulo 8, pág. 107) dedicase el resto del tiempo del Universo a contar los números naturales del Sector 00 del EDE-*li* terminal[3] (Figura 3, pág. 114), al final (o mejor un poco antes) bastaría con tomar cualquier secuencia numérica de los sectores 01 al 09, para darse cuenta de que no está entre los números naturales contados[4]. La estructura de esta prueba es similar al argumento de la diagonal de Cantor, pero *no es concluyente*, al aplicar un procedimiento discreto (temporal).

En definitiva, vemos que existen modeladores conceptuales matemáticos distintos, o sea, con metodologías diferentes que conducen a resultados contradictorios, sin que por ello podamos tildarlos de incorrectos. La cuestión ahora es ¿ha de existir necesariamente un modelador conceptual matemático que sea superior a los demás en todos los aspectos?

En los modeladores informáticos, físicos, etc., es inevitable que algunos sistemas modelen mejor que otros, según sea el objeto o elemento modelado. Por ejemplo, a la hora de modelar árboles, agua,

---

[1] En términos de cardinales queda indicado como $c > \aleph_0$ o $\aleph_1 > \aleph_0$.

[2] Esto es algo que conocen muy bien los investigadores (observadores internos del EDE-3D), cualquiera que sea su campo de trabajo.

[3] Esto es lo mismo que emparejar naturales con reales, pues "en el fondo" (o sea, en el nivel final) son lo mismo.

[4] Que es lo mismo que decir, en el *argumento de la diagonal,* que la secuencia numérica elegida no está en la lista de parejas "natural ↔ real".

fuego, lava, niebla, motores, etc., se han de utilizar los modeladores más apropiados para cada situación. Podría suceder algo similar con los modeladores conceptuales matemáticos, es decir, que ninguno en concreto sea el más idóneo para todo, por lo que habría que acudir a la plataforma más apropiada en cada caso, del mismo modo que se utiliza el modelo *newtoniano de gravitación* en situaciones habituales, y se deja la *relatividad general* para situaciones puntuales.

En conclusión, cuando la MDI y/o la MTI alcancen un desarrollo similar al de la MC, antes de optar por un modelador conceptual, quizás haya que cuestionarse primero qué plataforma matemática es la más apropiada para nuestros propósitos particulares. De todos modos, ¿tiene la MDI alguna característica que permita sobrepasar a la MC en algún aspecto en un futuro?

El desarrollo y abstracción de la MC va mucho más allá de las necesidades de la vida diaria, y bastante más allá de las necesidades científicas. De momento, la MDI y la MTI no pueden competir con ella en este terreno, pero como alcanzar un desarrollo similar sólo sería una cuestión de tiempo, pasaremos por alto este "pequeño" detalle, centrando así nuestra atención en el potencial de las *matemáticas de clase discreta* y, muy en especial, en las posibilidades que tiene la MDI. Entonces, ¿dónde podría ser más apropiada la MDI que la MC?

Por propio interés, uno de los criterios primordiales al desarrollar una plataforma matemática es que *modele conceptualmente los distintos aspectos del universo donde vivimos lo mejor posible*. El desarrollo de la MDI ha seguido las pautas marcadas por un modelo básico del Universo[1], y en parte es por esto por lo que los observadores, el tiempo, la información y todos los *elementos dinámicos* en general, además de los estáticos, están considerados en sus fundamentos. Estas características de la fundamentación y su naturaleza discreta (no axiomática), que habitualmente simplifica mucho los análisis, podrían dar a la MDI un protagonismo singular como modelador conceptual de nuestro mundo.

---

[1] Dicho modelo es el MEDE *(Modelo Estructural Discreto Escalar)*.

CAPÍTULO NUEVE

Infinito accesible e inaccesible

En los capítulos anteriores vimos que la idea o concepto clave que diferencia al *segmento discreto* de la MDI, del *segmento infinito* de la MTI o la MCE, es la *accesibilidad teórica*. De hecho, el acceso teórico, una vez más, no sólo marca las diferencias entre ambos segmentos, sino la propia existencia del segmento infinito, pues éste formaría parte del segmento discreto si fuese teóricamente accesible y, por lo tanto, no tendría sentido establecer su presencia. En consecuencia, se puede decir que la accesibilidad o inaccesibilidad teórica del infinito es, en gran medida, la responsable del modo de plantear los fundamentos y el desarrollo de una plataforma matemática.

Asimismo, el hecho de que toda la información del segmento discreto esté al alcance teórico de los observadores internos permite, según vimos, *prescindir de los sistemas axiomáticos*, es decir, éstos no son necesarios para comenzar el desarrollo de la MDI. Para ello, basta con aplicar las normas y criterios habituales en el diseño, como se haría en cualquier otro campo. En cambio, si se quiere desarrollar un modelador conceptual que maneje un *segmento infinito* (como el de la MTI), o bien el *infinito continuo* (como la MC), la única posibilidad es hacerlo mediante conjuntos de axiomas que proporcionen *accesibilidad axiomática*, ya sea a partir de la información conocida del segmento discreto o de los *conjuntos finitos*.

Por otro lado, como el segmento infinito es totalmente opaco para los habitantes de un EDE-nD, cualquier conclusión o resultado que se obtenga sobre él por *inducción matemática*, a partir de la información disponible en el segmento discreto, sólo puede ser un *axioma* o *postulado*. Siendo así, ¿se debería dar crédito matemático a resultados que solamente pueden ser suposiciones sobre lo que acontece en el segmento infinito? Visto de otro modo, las conclusiones de la inducción matemática ¿son válidas solamente en el segmento discreto?

En principio, no es preciso llegar a estos extremos. Los axiomas y procesos de inducción suelen ser tan básicos que se puede dar por seguro el acontecer en el segmento infinito, inferido a partir de las normas establecidas en el segmento discreto. Ahora bien, si el segmento infinito va a terminar comportándose como el discreto, ¿*para qué lo necesitamos*?

Modeladores conceptuales

Como vemos en la Figura 3 (pág. 114), sólo los observadores del EDE-nD, con $n \geq 3$, tienen una visión global del segmento infinito en el desglose escalar del EDE-1D, lo que significa que solamente los habitantes del EDE-nD, con $n \geq 5$, pueden tener un punto de vista global de cómo es, y de lo que sucede en el infinito que nos corresponde. Por lo tanto, ¿merece la pena modelar nuestro universo incorporando un segmento escalar infinito, del que sólo podemos esperar que se comporte de modo parecido al discreto, pues nuestras inferencias sobre él sólo son posibles a partir de la información que conocemos del segmento discreto?

La respuesta obvia a esta larga pregunta es que parece ser que no. Disponer de un segmento infinito sería muy interesante si pudiéramos tener la certeza de que el comportamiento matemático en él es distinto del que conocemos en el segmento discreto. Por ejemplo, si en la MTI ocurriese que el total de números pares en el infinito es igual a la cantidad de números naturales, como sucede en la MC, entonces esta plataforma sería preferible como modeladora de conceptos (en algunos aspectos), pues iría más allá de lo que ofrece la MDI. No obstante, esta sería una ventaja dudosa ante la imposibilidad de ser observadores externos del EDE-3D, pues los *procedimientos axiomáticos* sólo proporcionan a los observadores internos *verdades relativas* (o **verdades de caverna**[1]) sobre el segmento infinito (pág. 116), o sobre el infinito continuo en el caso de la MC, debido a que, por ejemplo, se hacen inferencias atemporales a partir de criterios o métodos netamente temporales, como sucede al contar los números pares.

Como la MDI ofrece la misma "funcionalidad" que la MTI, pero de manera más sencilla e intuitiva, ¿hemos de optar por una plataforma que prescinda del infinito continuo? Preguntado de un modo más comprometido ¿debemos deshacernos de la MC, pues trabaja con el infinito continuo?

---

[1] Lo que viene a decir Platón en su *alegoría* o *mito de la caverna,* aunque sea en otro contexto, es que *los observadores internos,* en el mejor de los casos, *sólo pueden conocer verdades relativas sobre el infinito continuo.* El sentido común nos dice que las *verdades de caverna* conducen, con mucha probabilidad, hacia resultados de la misma índole, es decir, hacia *conclusiones de caverna,* lo que supone un peligro potencial en cualquier modelador conceptual matemático.

CAPÍTULO NUEVE

Cuando nació el lenguaje de programación C, otros lenguajes, como el *Fortran*, llevaban cientos de bibliotecas de código de ventaja al C y, obviamente, no se iba a tirar todo ese trabajo por la borda, por la aparición en escena de otro lenguaje conceptualmente más optimizado. Además, es más sencillo adaptar algoritmos ya desarrollados que crearlos de nuevo desde cero. Sirva esta analogía para comprender que la MC, que lleva años luz de ventaja a otros modeladores matemáticos, seguirá ahí como hasta ahora, o bastante mejor que hasta la fecha, pues la experiencia ha demostrado que la migración del bagaje conceptual de la MC hacia la MDI (cuando es posible[1]), también puede enriquecer a la MC en gran medida, gracias a la inevitable retroalimentación que se genera, sin variar, claro está, sus fundamentos. Además, según lo comentado en la sección previa, pudiera ser que la MC sea el modelador conceptual más apropiado en muchas situaciones, una duda que el tiempo quizás acabe despejando.

En cualquier caso, y volviendo sobre lo mismo, la supremacía actual de la MC en contenidos no justifica seguir pensando que el infinito continuo es la solución más idónea, al menos cuando se trata de modelar nuestro universo. Así, como la información que obtenemos del segmento infinito es nula en 3D, y dada la improbabilidad de contactar con alguien pentadimensional que confirme las peculiaridades de nuestro universo, lo más racional sería modelar sus características básicas, siendo probable que el infinito continuo no sea una de ellas. Ahora bien, si se descarta el segmento infinito (y/o el infinito continuo) ¿qué sucede con el concepto de número real? ¿Podemos prescindir del sistema numérico de los reales? En el próximo, y último, capítulo veremos qué ocurre con ellos.

---

[1] Obviamente, todos aquellos aspectos o teorías de la MC que dependen del *infinito continuo* (la *teoría de los números transfinitos*, p.ej.) no se pueden adaptar a la MDI.

10 Hacia el desarrollo de la MDI

Introducción

Puesto que descartamos definitivamente la presencia de un *segmento infinito* (si es una mera prolongación del discreto), también dejaremos a la MTI aparcada. Quedan entonces en la arena dos plataformas finalistas, la MC, con todo su bagaje conceptual de muchos siglos, y la recién llegada MDI, con su *gran potencial*, del cual encontramos una muestra en el *libro de referencia*.

En este último capítulo veremos ejemplos de cómo quedan definidos en la MDI algunos de los *conceptos universales* que, como es natural, han sido tomados de la MC y adaptados a la MDI, un proceso que llamaremos **discretización conceptual**, el cual, por descontado, *no pretende modificar la MC o proponer cambios en ella*, sino utilizarla simplemente como fuente de inspiración.

Los números reales en la MDI

Aunque la MDI carece de infinito continuo, vimos en su momento que para los observadores internos de un EDE-nD existe desde el punto de vista funcional, ya que los niveles inferiores del segmento escalar discreto, que para ellos son teóricamente accesibles, en la práctica son tan inaccesibles como pueda serlo el segmento infinito en la MTI. Por consiguiente, el *tiempo limitado* que poseen los procedimientos discretos y observadores internos juega a la perfección el papel de *"paso al infinito"*[1], con la inestimable ventaja de que se ajusta más al modo en que se desarrollan los acontecimientos en nuestro universo. En otras palabras, el *infinito discreto* suple sin problemas al *infinito continuo*. Ahora bien, la ausencia del segmento infinito en la MDI ¿impli-

---

[1] El *tiempo limitado* hace que el infinito discreto sea inalcanzable, y el *paso al infinito* hace otro tanto con el infinito continuo.

CAPÍTULO DIEZ

ca que debemos olvidarnos de los números reales y/o del concepto que representan, y arreglarnos sin ellos en los cálculos?

Desde el punto de vista práctico la respuesta es *no*, pues los números reales en la MC quedan truncados, con una precisión razonable (asequible), antes de calcular. En otras palabras, los números reales no se diferencian de las secuencias numéricas evaluadas de la MDI en los cálculos. ¿Cómo se ven las cosas desde la perspectiva teórica?

En el capítulo previo vimos que el desarrollo de la MDI se ha planteado siguiendo las directrices marcadas por un modelo físico básico donde, con buena lógica y sentido común, se supone que existe un último nivel escalar en la organización interna del espacio *(nivel estructural)*, pues no tiene sentido teórico continuar desmenuzando la estructura del espacio físico indefinidamente. En consecuencia, el EDE-3D que modela dicho espacio tiene un *nivel final,* es decir, la escala debe ser *internamente cerrada.*

Según esto, para los estudiantes e investigadores de las ciencias físicas, la presencia de un nivel final en la estructura del EDE-3D indica claramente que se requiere el desarrollo de una plataforma matemática que incorpore el equivalente de los números reales de la MC que, como vimos, serían secuencias numéricas terminales[1]. En cambio, como las acotaciones conceptuales no suelen gustar a los matemáticos, para ellos se requieren EDEs-nD *internamente abiertos,* lo que implica la existencia de secuencias numéricas *abiertas* que, al carecer de un nivel final, no cuadran con el concepto de número real en la MC. ¿Qué repercusiones teóricas trae consigo la ausencia de "números reales terminales"?

Aún es pronto para saberlo de modo general y definitivo, pero se podría decir que, en los pocos casos analizados, la presencia de secuencias abiertas no-terminales *supone una ganancia conceptual neta en la implantación de los conceptos matemáticos universales.* Tenemos un ejemplo claro en el análisis del *pequeño teorema de Fermat.*

---

[1] Este es uno de los casos no previstos en las *opciones de implantación matemática* (capítulo 1, pág. 23).

El pequeño teorema de Fermat

En *teoría de números,* uno de los teoremas más famosos del jurista y matemático *Pierre de Fermat* (1601-1665) es conocido como *pequeño teorema de Fermat* (**PTF**). Históricamente, lo de "pequeño" ha sido un calificativo inevitable, pues tiene un hermano llamado *gran (o último) teorema de Fermat* que, por cierto, sólo fue una conjetura hasta fechas recientes.

Pues bien, el pequeño teorema de Fermat afirma que siendo q un número primo, entonces $b^{q-1} \equiv 1 \pmod{q}$, siempre y cuando se cumpla que $\mathrm{mcd}(b, q) = 1$. En otros términos, si q no divide a b^{q-1}, entonces q divide a $(b^{q-1} - 1)$ si q es primo y b, q son coprimos.

Las demostraciones del pequeño teorema de Fermat en la MC son relativamente sencillas, al igual que el análisis sobre las aplicaciones del teorema en las *pruebas de primalidad*. Sin embargo, la matemática continua es más parca que la MDI cuando se trata de establecer el origen o naturaleza de dicho teorema. En general, ante preguntas sobre los porqués de los conceptos y teoremas matemáticos, la MDI suele proporcionar respuestas de un nivel más elemental que las que encontramos en la matemática continua. Así, además de probar que el pequeño teorema de Fermat es cierto, la MDI permite ver cuál es la razón básica de su existencia[1].

Sabemos que las secuencias periódicas puras, evaluadas en el último nivel del periodo, son *cuasi-terminales* (capítulo 5, pág. 73), pues permiten recuperar toda la información numérica. Por ejemplo, como en base decimal $1/7 = 0,\underline{142857}...$, si se revierte el periodo 142857, queda que $0,142857 \cdot 7 = 0,999999$, es decir, se genera la secuencia CB-1 con tantas cifras como tenga el periodo.

Supongamos entonces que tenemos la fracción $1/q = 0,p,$ donde p representa al periodo[2] de longitud u, es decir, u es el número de cifras del periodo (en el ejemplo anterior $u = 6$). Si calculamos la aproximación inversa tenemos que $1 > (0,p) \cdot q = 0,9...9$, con exactamente u

---

[1] De hecho, el PTF es una cuestión tan básica en la MDI que no necesita ser demostrado, como ahora veremos.

[2] También podría representar a más de un periodo, siempre y cuando sean completos (con todas las cifras).

nueves. Si queremos una igualdad en esta relación de orden, entonces debemos sumar la *variación mínima (vm)*, que es igual a $1/10^u$. Queda así que $1 = (0,p) \cdot q + 1/10^u$.

Como vemos, la valoración de los sumandos en la igualdad anterior se hace desde la raíz de la escala *(estimación global)*, es decir, son secuencias *decimales normalizadas*. En esta ocasión interesa que la estimación sea *local* (o sea, que coincidan los niveles de *valoración* y *evaluación*), por lo que desplazamos la coma hasta el nivel de evaluación del periodo, lo que aritméticamente equivale a multiplicar por 10^u ambos miembros de la igualdad *(escalado subescalar)*. Queda entonces que $10^u = pq + 1 = 9...9 + 1$.

La igualdad anterior está expresada en base decimal, pero también sería válida en cualquier otra base numérica. Por ejemplo, en base 8, $10^u = 7...7 + 1$ y, en base 5, $10^u = 4...4 + 1$. No se asusten, pues recordemos que "10" es la etiqueta de cualquier base de numeración, no sólo de la decimal. No obstante, para evitar confusiones, la escritura tradicional de esta igualdad es $b^u = pq + 1$ o $b^u \equiv 1 \pmod{q}$.

Dado que nuestro objetivo no es demostrar la veracidad o falsedad del teorema dejamos aquí la demostración, y pasamos a ver cuál de los dos planteamientos (MC o MDI) aporta más información sobre la naturaleza del teorema.

La igualdad D = dc + r, planteada con secuencias cuasi-terminales, queda en este caso como $1 = q(0,p) + 1/10^u$. Llegar al planteamiento del PTF a partir de ella es inmediato. Esto significa que dicho teorema (si es que se puede llamar así) no es más que la *versión local del proceso de división con decimales,* luego no es necesario demostrarlo en la MDI. Las condiciones que han de cumplir *b* y *q* para que el teorema sea cierto (p. ej., que *q* sea primo) se deducen sin grandes complicaciones analizando dicho proceso.

No es posible llegar a una conclusión similar en la MC, pues al efectuar la aproximación inversa inicial el resultado es directamente 1. Así, si $1/q = 0,p...$, al calcular la aproximación inversa queda que $(0,p...) \cdot q = 0,9... = 1$, por lo que ya no hay nada más que podamos hacer.

En resumen, obligar a las secuencias a ser terminales puede impedir, como en esta ocasión, conocer las razones aritméticas de por qué las cosas son como son. Este no es el único caso en el que se produce este hecho[1]. •

Tras conocer el origen del PTF en la MDI surge una duda.

Como el PTF es un concepto universal, es decir, es el mismo e igual de verdadero en ambas plataformas, si la MDI prueba que el teorema no es más que la interpretación del proceso de división con decimales a nivel local, la MC, en principio, también debería admitir esta interpretación, para lo cual se requiere que 0,9... ≠ 1. Puesto que sabemos que el PTF es cierto en la matemática continua ¿significa esto que la MC se equivoca en sus fundamentos básicos y/o que son falsas todas las demostraciones que prueban que 0,9... = 1?

De nuevo la respuesta vuelve a ser no. Cuando la MDI plantea la igualdad $1 = (0,p) \cdot q + 1/10^u$ para desarrollar el teorema está haciendo explícitamente en el segmento discreto, lo mismo que hace la MC de forma implícita en el infinito continuo, cuando suma ε a la secuencia CB-1 para convertirla en terminal, pues recordemos que $1/10^u = ε$ si $u = \infty$ (capítulo 7, pág. 92). El hecho de que la MDI utilice un número finito de periodos (normalmente uno) y que la MC requiera infinitos periodos no afecta a la demostración, pues ya vimos que se pueden utilizar tantos periodos como se desee, siempre y cuando tengan todas sus cifras. En definitiva, las dos plataformas hacen lo mismo, pero en distintos momentos (o niveles escalares). Con ello, la MC cierra las puertas a una interpretación aritmética básica del PTF y la MDI no.

Sistemas numéricos

La MC organiza los números en cinco conjuntos[2] o *sistemas numéricos*[3]. El más básico es el conjunto de los *naturales,* seguido por el de los *enteros,* formado por los *naturales* positivos y los negativos. A continuación, viene el conjunto de los *racionales,* que abarca a los ante-

---

[1] Un caso interesante lo encontramos en la demostración de la *irracionalidad de la raíz cuadrada de 2,* cuando las secuencias numéricas son no-terminales.

[2] Lo cierto es que hay más, pero sólo estamos interesados, en nuestro caso, en los tradicionales.

[3] Los conceptos de *conjunto* y *sistema numérico* no coinciden exactamente, pero es habitual utilizarlos sin distinción.

riores más las *fracciones*. Un nivel por encima se encuentra el conjunto de los *reales* donde, además de los *racionales,* también están los *irracionales* (que no se pueden escribir en forma de fracción). En el nivel más externo aparece el conjunto de los *números complejos* que, según la MC, engloba a todos los anteriores, puesto que cualquier número se puede escribir con formato de número complejo.

Tras recordar, grosso modo, cómo organiza la MC los principales sistemas numéricos ¿es válida esta misma organización en la MDI? Para saberlo, primero hay que verificar si los números, en los distintos conjuntos, son conceptualmente iguales en ambas matemáticas, aunque descartaremos de nuevo a los *enteros negativos* y a los *complejos*, pues su análisis (en la MDI) va más allá de los objetivos de este libro, y no conviene incluirlos sin saber cómo son[1].

En primer lugar, veamos qué tipos de secuencias, según la clasificación que aparece en el capítulo 5 (pág. 68), son compatibles con los sistemas numéricos de la MC. La *cantidad de información numérica* (exacta o aproximada) será el criterio principal que aplicaremos en el análisis de dicha compatibilidad, pero sólo con la CIN no es suficiente, ya que se ha de considerar el modo en que los observadores y los procedimientos discretos valoran los números (de forma *local* o *global*). Además, como tercer criterio, también estaría el signo, aunque debido a la exclusión de los negativos y los complejos no lo tendremos en consideración.

Atendiendo a estos criterios de clasificación, las secuencias numéricas que encajan en cada uno de estos sistemas numéricos de la MC tienen, desde la perspectiva de la MDI, las características indicadas en la siguiente tabla:

Sistema Numérico	CIN	Valoración
Naturales	exacta	local
Enteros	exacta	local
Racionales	exacta o aproximada	subescalar
Irracionales	aproximada	subescalar

Tabla 1: Sistemas numéricos y secuencias numéricas

---

1 El análisis de los *complejos* e *hipercomplejos* en la MDI muestra notables diferencias con respecto a la MC.

Hacia el desarrollo de la MDI

Como vemos, todos los *números* [ordenados] (capítulo 5, pág. 79) de la matemática continua se encuentran también en la MDI. Esto implica que, por ejemplo, para establecer el dominio de una función en la MDI se podría echar mano de los sistemas numéricos tradicionales. No obstante, desde el punto de vista teórico, las cosas no cuadran del todo. Veamos por qué.

Conceptualmente, los *naturales* son iguales en ambas matemáticas. Por tanto, no hay problemas de compatibilidad con ellos.

Los *enteros*, con los números negativos incorporados, también coinciden en la MC y la MDI, aunque existen algunas discrepancias teóricas en la definición de los negativos.

A continuación de los enteros, en los sistemas numéricos de la MC aparecen *secuencias decimales terminales* de infinitas cifras. En la MDI, el nivel de evaluación de esas mismas secuencias se encuentra en el segmento discreto, luego el desnivel entre los niveles de evaluación de las secuencias homólogas es infinito. Sin embargo, esto no supone un impedimento teórico, y mucho menos práctico, para dar por sentado que se trata de las mismas secuencias decimales, pero es probable que, en algunos análisis y demostraciones, sí tenga importancia el hecho de que, p. ej., π sea terminal en la MC ($\mathbf{I}(\pi) = 1$) y no-terminal en la MDI ($\mathbf{I}(\pi) < 1$). Esta no es la única diferencia conceptual entre los sistemas numéricos en la MC y en la MDI, pero sí la más importante.

Así, sucede también que todos los *números racionales* de la MC, o sea, aquellos que son generados por una fracción[1] (los naturales y enteros también pueden quedar representados por fracciones, aunque éstas no sean irreducibles), encuentran su secuencia numérica en la MDI[2], pero *no todas las secuencias periódicas de la MDI encajan en*

---

[1] De hecho, su nombre se debe a que están representados por una proporción (razón, división), lo contrario de lo que sucede con los "irracionales", que carecen de una proporción que los represente. Curiosamente, hay gente que piensa que su nombre se debe a que representan a una "ración" o parte de algo, aunque conceptualmente no andan muy desencaminados.

[2] Algunas secuencias "racionales" son *terminales* (p. ej. la secuencia generada por la fracción 1/4), mientras que otras son *no-terminales*, como la generada por 1/3.

el conjunto de los racionales. En concreto, las secuencias con periodo 9... *carecen de una fracción irreducible que las genere,* lo que implica la existencia de una cantidad inagotable de secuencias periódicas mixtas del tipo 0,*a*9... que, junto a la CB-1 (que es periódica pura), forman el conjunto de los *números* **irracionales periódicos**[1] en la MDI. ¿Cuáles son las conclusiones de todo lo anterior?

Desde la perspectiva práctica, todo indica que la MDI puede utilizar los sistemas numéricos de la MC sin mayor problema. Cuando se trate de cuestiones teóricas, normalmente será preferible echar mano de los conceptos de *terminal, cuasi-terminal y no-terminal,* pero tampoco se descarta la utilidad teórica de los sistemas numéricos tradicionales en la MDI. De todos modos, queda abierta la posibilidad de crear nuevos sistemas numéricos hechos a medida para esta plataforma.

La discretización conceptual

Aunque resulta evidente, puede que alguien aún no se haya percatado de que los criterios de clasificación que aplica la MC, para organizar los números en *sistemas numéricos,* son de distinta naturaleza que los utilizados por la MDI para clasificar las secuencias numéricas en la recta discreta. Así, excluyendo de nuevo a los complejos, el criterio principal que aplica la MC para clasificar los números [ordenados] es *que sean o no el resultado del proceso aritmético de división con decimales.* Además, la MC va más allá, subclasificando los números en función de que *sirvan o no como raíces de las ecuaciones algebraicas* (*algebraicos* o *transcendentes,* respectivamente). En cualquier caso, son criterios de clasificación *funcionales,* sin duda muy interesantes en el desarrollo matemático, pero menos básicos que los aplicados por la MDI cuando clasifica los números de la recta discreta.

En efecto, por mucho que se analicen las secuencias numéricas, en ellas no encontraremos razón alguna para tildarlas, p. ej., de *irracionales* o de *trascendentes*. Todas son simples etiquetas, con un valor numérico asociado, o sin él, si son no-evaluadas. Si sirven para algo

---

[1] La secuencia nula tampoco posee una fracción irreducible que la genere, y también es periódica, luego los números terminales podrían formar parte de este conjunto, pero habitualmente no se considera esta opción.

(raíces de una ecuación) o si pueden ser generadas por un determinado tipo de procedimiento discreto, etc., son cuestiones que, en principio, *nada tienen que ver con la definición de la recta numérica,* pues los números, como las personas, primero nacen y luego son.

Este es un ejemplo (hay otros) de que la MC no siempre utiliza los criterios más apropiados para su propia organización interna. La gran ventaja de la MC sobre la MDI (su larga trayectoria histórica) es, a su vez, la mayor desventaja. En el desarrollo de algunos campos de la MC ha sucedido algo similar a lo que encontramos en el casco histórico de las ciudades antiguas. Suelen ser barrios bonitos, acogedores, cargados de historia, etc., pero con todo, habitualmente su trazado deja mucho que desear, desde el punto de vista funcional.

En el desarrollo de la MDI se han de evitar, desde el principio, los "vicios históricos" de la MC. Por esta razón, la organización interna que se propone para algunos campos de la MDI varía con respecto a lo que conocemos en la MC[1]. Ahora, cuando la MDI es todavía un proyecto incipiente, es el momento de reorganizar las áreas matemáticas que lo requieran, pues luego puede que sea demasiado tarde (o mucho más difícil), como sucede actualmente en la MC.

Lo que se ha de tener muy claro en la *discretización conceptual* es que *los conceptos se deben analizar en detalle*, por muchos siglos que lleven en activo, y por muy asentados que estén[2]. También es vital su correcta *atomización*, es decir, se han de subdividir hasta estar seguros de que se alcanzan las ideas básicas *(conceptos irreducibles)*. De no actuar así, se corre el riesgo de desarrollar todo un nuevo edificio matemático, para más tarde darse cuenta de que las ventanas no están en su sitio o que se olvidaron los huecos de los ascensores. En todo este proceso habrá que prestar especial atención al sótano del edificio (la *aritmética),* ya que todo el desarrollo posterior dependerá de lo bien establecido y compactado que quede este campo.

---

[1] No todas las áreas de la MC han de reorganizarse en la MDI. Además, cuando se requieren cambios, éstos suelen ser parciales. Las modificaciones planteadas más significativas se hallan, de momento, en la *aritmética* y en el *álgebra.*

[2] Algunos "viejos conceptos" nos sorprenden en la MDI.

CAPÍTULO DIEZ

La *discretización conceptual* no es, en sí misma, una tarea difícil. En ocasiones, puede que la mayor dificultad esté en "desaprender" algunas nociones que nos enseñaron desde niños[1], algo que no siempre es fácil, pero que sin duda resulta más sencillo que sintetizar nuevos conceptos, técnicas o herramientas matemáticas.

Como apunte final, aquellos que no vean clara la necesidad de desarrollar esta nueva plataforma matemática, pronto quedarán convencidos de su enorme potencial, a poco que profundicen en ella. La matemática discreta isodimensional está en sus comienzos y no debe juzgarse por lo que es actualmente, sino por lo que podría llegar a ser.

Métricas discretas no-euclidianas

Antes de finalizar este este ensayo matemático, merece la pena hacer un pequeño análisis sobre las alternativas que abren las *matemáticas de clase discreta*. Así, además de la *métrica euclidiana* que define la MDI y, asimismo, las otras matemáticas de clase discreta mencionadas (MCE y MTI), la jerarquización descendente permite definir muchas otras *métricas no-euclidianas*. Basta con modificar la *regularidad* y/o la *uniformidad* en los *patrones escalares* (capítulo 2, pág. 29), para obtener espacios discretos *no-euclídeos* con diferentes métricas que, de momento, desconocemos (?) qué sorpresas nos van a deparar.

Por otra parte, atendiendo al criterio de *simplicidad en el diseño* de los EDE-nD, hemos decidido que los puntos-nD carezcan de subespacios-nD diferenciados, estableciendo así el principio de *accesibilidad integral* (capítulo 1, pág. 19), lo que sugiere que los puntos-nD sean unidades *básicas y homogéneas de información* en los EDE-nD, similares a los bits en los espacios de memoria en los ordenadores convencionales. Sin embargo, la *accesibilidad integral* no implica necesariamente la homogeneidad de la información asociada a los puntos-nD. En efecto, ¿qué sucedería si en vez de establecer un *nivel de evaluación* en las secuencias numéricas se establece un *segmento* [escalar] *de evaluación*?

---

[1] Sirva de muestra el caso de la "coma flotante", que no es flotante, al menos en términos absolutos.

En tal caso, con orden escalar b y con una longitud del *segmento de evaluación* de k niveles, cada punto-nD, indexado por una secuencia numérica, tendría b^k combinaciones de información distintas, que se podrían determinar aplicando criterios apropiados. Como ven, ya no estaríamos hablando de un comportamiento similar al de los bits habituales, sino de un planteamiento que se asemeja al de los *qbits* en los ordenadores cuánticos.

Índice alfabético

A

Accesibilidad axiomática, 97
Accesibilidad integral, 19
Accesibilidad teórica, 24
Alineación escalar, 82
Amplitud de un entorno, 33
Aportación numérica, 47
Argumento de la diagonal, 125
Axiomas de accesibilidad, 95
Axiomas de existencia, 94

B

Base de un EDE local, 39

C

Cálculo aritmético, 55
Cálculo escalarmente indeterminado, 84
Cantidad de información numérica (CIN), 68
Cantidad ilimitada o interminable, 52
Cantidad inagotable, 28
Cantor, Georg, 15
Cardinal, 61
Cardinal ilimitado, 64
Cohen, Paul, 119
Complemento a la base, 57
Complemento a la Base de 1 (CB-1), 57
Concepto de número ordenado, 79
Conceptos específicos fundacionales, 122
Conceptos generales
   Accesibilidad integral, 19
   Cuadrículas, 21
   Dimensión funcional (md), 26
   EDE local, 21
   EDE local compacto, 20
   Espacios discretos euclidianos (**EDE**), 18
   Espacios euclidianos, 16
   Espacios funcionales, 26
   Estructura de los EDE-nD, 19
   Estructura de un espacio, 18
   Geometría euclidiana, 16
   Infinito continuo, 20
   Isodimensionalidad, 26
   Nivel jerárquico, 22
   Punto geométrico, 16
   Puntos-0D, 16
   Puntos-nD, 19
Conceptos matemáticos específicos, 122
Conceptos matemáticos universales, 122
Conjuntos abiertos, 63
Conjuntos finitos, 61
Conjuntos infinitos discretos, 63
Contador incremental global (CIG), 110
Contador incremental local (CIL), 110
Corolarios del sistema axiomático A, 98
Corolarios del sistema axiomático B, 104
Cortaduras de Dedekind, 99
Cuadrículas, 21

D

Dedekind, Richard, 15
Descartes, René, 27
Desglose escalar, 33, 43
   Aportación numérica, 47
   Etiqueta base, 44
   Etiqueta escalar, 44
   Indexador base, 44
   Índice base, 45
   Índice escalar, 46
   Índices escalares equivalentes, 46
   Perpendicular escalar, 43
   Secuencia de indexación, 44
   Valor base, 45
   Valor numérico, 45
   Valor numérico nulo, 45
Desglose espacial, 33
Desnivel de valoración, 76
Desnivel escalar, 32

Índice alfabético

Dimensión funcional, 26
Discretización conceptual, 131
Distintivos matemáticos, 24

E

EDE local, 21
EDE local compacto, 20
EDE local terminal, 29
EDEs locales infinitos (EDE-*li*), 102
Elementos de los EDE-*n*D
   Estructurales y funcionales, 35
   Observadores e información, 36
   Observadores externos, 36
   Observadores internos, 36
   Virtuales, 37
Entorno escalar, 33
Escalado subescalar, 75
Escalado supra y subescalar, 75
Escalas
   Amplitud de un entorno, 33
   Desglose escalar, 33
   Desnivel escalar, 32
   EDE local terminal, 29
   Entorno escalar, 33
   Escala local y global, 28
   Escalas regulares e irregulares, 29
   Escalas uniformes, 30
   Etiquetado escalar, 40
   Externamente abiertas y cerradas, 29
   Fragmento escalar, 32
   Índice ascendente, 32
   Índice del entorno, 33
   Índice descendente, 32
   Internamente abiertas y cerradas, 29
   Intervalo escalar, 32
   Longitud de un segmento escalar, 32
   Mapa escalar, 33
   Navegación escalar, 33
   Nivel de definición escalar, 39
   Nivel de referencia, 33
   Nivel escalar, 31
   Nivel extremo, 32
   Nivel global, 28
   Nivel intermedio, 32
   Nivel terminal, 29
   Orden de la escala, 30
   Patrón escalar, 30
   Procesos de discretización escalar, 28
   Puntos-*n*D terminales, 29
   Raíz de la escala, 29
   Raíz global, 28
   Raíz local, 29
   Segmento escalar, 31
   Segmento global, 32
   Segmento local, 32
   Segmento subescalar, 33
   Segmento supraescalar, 33
Escalas uniformes, 30
Espacio Terminal Euclidiano (EFE), 96
Espacios
   Discretos Euclidianos, 18
   Euclidianos, 16
   Funcionales, 26
   Isodimensionales, 26
   Semicontinuos, 26
Espacios euclidianos
   Distintivos matemáticos, 24
   Estructura, 19
   Jerarquización descendente, 22
   Jerarquización espacial ascendente, 22
   Opciones de implantación, 24
Estados de evaluación, 68
Estimación referencial, 67
Etiqueta base, 44
Etiqueta escalar, 44
Etiquetado escalar, 40
Euclides de Alejandría, 16
Evaluación aproximada por defecto, 68
Evaluación aproximada por exceso, 68
Evaluación exacta, 68

F

Fermat, Pierre de, 133
Fragmento escalar, 32

G

Geometría euclidiana, 16

Índice alfabético

Gödel, Kurt, 119

H

Hipótesis del continuo, 124
Homogeneidad escalar, 55
Homogeneización escalar, 46

I

Ilimitado e interminable, 52
Inaccesibilidad empírica, 52
Indexación
    Etiqueta escalar, 44
    Indexador base, 44
    Índice base, 45
    Índice de referencia, 66
    Índice del entorno, 33
    Índice escalar, 46
    Índice escalar ascendente, 32
    Índice escalar descendente, 32
    Índice escalar máximo, 57
    Índice escalar mínimo, 57
    Índice escalar nulo, 56
    Índice escalar supremo, 56
    Índices complementarios a la base, 57
    Índices escalares equivalentes, 46
    Índices escalares extremos, 56
    Índices locales, 48
    Secuencia de indexación, 44
Índice base, 45
Índice de referencia, 66
Índice escalar, 46
Índice escalar máximo, 57
Índice escalar mínimo, 57
Índice escalar nulo, 56
Índice escalar supremo, 56
Índices escalares equivalentes, 46
Índices locales, 48
Infinitésimos, 92
Infinito continuo, 20
Infinito discreto, 52
Información
    Numérica y posicional, 66
Información numérica, 67
Información numérica y posicional, 66
Información privilegiada, 114

Intervalo escalar, 32
Intervalo evaluado y no-evaluado, 66
Isodimensionalidad, 26

J

Jerarquización espacial ascendente, 22
Jerarquización espacial descendente, 22
Jerarquización global, 28

L

Leyes de conservación de la información numérica, 85
Leyes de la entropía numérica, 87
Longitud de un segmento escalar, 32

M

Mapa escalar, 33
Matemática Continua (**MC**), 17
Matemática Continua Euclidiana (**MCE**), 100
Matemática discreta isodimensional (**MDI**), 26
Matemática Transfinita Isodimensional (**MTI**), 101
Matemáticas de clase discreta, 23
Métodos de valoración
    Estimación supraescalar, 77
    Valoración global, 76
    Valoración local, 76
Métodos de valoración numérica, 76
Modeladores conceptuales matemáticos, 120
Modelo geocéntrico, 121
Modelo heliocéntrico, 121
Módulo base, 54
Módulo neto, 55

N

Navegación escalar, 33
Navegación espacial, 51
Nivel de escalado, 75
Nivel de evaluación, 66

Índice alfabético

Nivel de información completa (NIC), 70
Nivel de precisión, 75
Nivel de valoración, 75
Nivel escalar, 31
Nivel final, 23
Nivel terminal, 70
Niveles escalares
   Intermedio, 32
   Nivel de definición, 39
   Nivel de escalado, 75
   Nivel de evaluación, 66
   Nivel de información completa (NIC), 70
   Nivel de precisión, 75
   Nivel de valoración, 75
   Nivel extremo, 32
   Nivel global, 28
   Nivel terminal, 29, 70
   Raíz global, 28
   Referencia, 33
Número natural, 48
Números irracionales periódicos, 138

O

Opciones de diseño, 34
Opciones de implantación, 24
Operaciones aritméticas, 55
Operadores aritméticos, 55
Orden de la escala, 30
Oresme, Nicolás, 27

P

Paso al continuo, 24
Paso al infinito, 24
Patrón escalar, 30
Peano, Giuseppe, 109
Pequeño teorema de Fermat, 133
Perpendicular escalar, 43
Plataformas matemáticas, 120
Precisión decimal, 75
Procedimientos axiomáticos, 112
Procedimientos discretos, 51
Proceso de Peano, 109
Procesos de discretización escalar, 28
Procesos meta-numéricos de Helisonte y Zenón, 108

Punto geométrico, 16
Puntos adimensionales, 16
Puntos-nD terminales, 29

R

Recta de Zenón, 108
Recta discreta, 81
Recta numérica discreta infinita, 102
Recta real, 15
Redondeo decimal, 83
Redondeo entero, 83
Resultados forzados, 89

S

Secuencia de indexación, 44
Secuencias decimales
   Desnivel de valoración, 76
   Escalado supra y subescalar, 75
   Métodos de valoración numérica, 76
   Nivel de escalado, 75
   Nivel de precisión, 75
   Nivel de valoración, 75
   Precisión, 75
   Redondeo decimal, 83
   Redondeo entero, 83
   Valor estimado, 76
   Valoración global, 76
Secuencias no-terminales subvaluadas y sobrevaluadas, 70
Secuencias numéricas, 65
   Abiertas y cerradas, 68
   Cantidad de información numérica (CIN), 68
   Completas e incompletas, 69
   Concepto de número ordenado, 79
   Cuasi-terminales, 73
   Decimales, 74
   Escritura, 77
   Estimación referencial, 67
   Evaluación aproximada por defecto, 68
   Evaluación aproximada por exceso, 68
   Evaluación exacta, 68
   Evaludas y no-evaluadas, 69
   Extremas, 69

Índice alfabético

Ilimitadas, 68
Información numérica, 67
Intervalo evaluado y no-evaluado, 66
Irregulares o imprevisibles, 72
Nivel terminal, 70
No-terminales subvaluadas y sobrevaluadas, 70
Periódicas, 72
Previsibles o canónicas, 72
Terminales y no-terminales, 70
Terminales y no-terminales de facto, 70
Truncadas, 82
Secuencias numéricas abiertas y cerradas, 68
Secuencias numéricas extremas, 69
Secuencias numéricas periódicas, 72
Secuencias numéricas previsibles o canónicas, 72
Secuencias numéricas terminales y no-terminales, 70
Secuencias numéricas terminales y no-terminales de facto, 70
Secuencias truncadas, 82
Segmento discreto, 52
Segmento escalar, 31
Segmento escalar discreto e infinito, 102
Segmento global, 32
Segmento infinito, 95
Segmento local, 32
Segmento subescalar, 33

Segmento supraescalar, 33
Serie de adaptación escalar, 46
Sistemas de numeración posicional, 47
Sistemas numéricos, 135
Sucesiones de Cauchy, 99

T

Tendencia, 53
Truncamiento, 82

V

Valor de base, 45
Valor de referencia, 58
Valor estimado, 76
Valor numérico, 45
Valor numérico nulo, 45
Valor supremo, 56
Valoración decimal global, 76
Variación mínima, 57
Variaciones aditivas, substractivas y nulas, 54
Verdades de caverna, 129
Verdades relativas, 116
Vértice externo, 54

Z

Zenón de Elea, 108
Zermelo-Fraenkel, 124

www.ingramcontent.com/pod-product-compliance
Lightning Source LLC
Chambersburg PA
CBHW050003230526
45465CB00003BB/1236